Ihr Weg zum Status »ausgebucht«

Mit Expert Branding zum begehrten Experten

Martina Fuchs

HAUFE.

Inhalt

Vorwort

Sind Sie ein Kämpfer oder ein Gewinner? Kämpfen Sie täglich mit Ihrem Unternehmen um Aufmerksamkeit, Sichtbarkeit, Reichweite und letztlich um mehr Kunden, Erfolg und Umsatz? Wenn Sie zu den Kämpfern gehören, dann sind Sie im breiten Marktfeld gefangen. Je dichter der Markt, je höher der Wettbewerb, um so aggressiver und lauter der Kampf um den nächsten Auftrag, um die nächsten Kunden. Hier stehen weder Können, Expertise noch Qualität im Vordergrund, sondern einzig und allein, wer mit dem größten Einsatz und Druck die größte Aufmerksamkeit erzielt. Preiskampf, Konkurrenzdruck, Austauschbarkeit und Verdrängung sind im Haifischbecken des breiten Marktfeldes an der Tagesordnung. Machen Sie Schluss mit diesem Kampf! Schicken Sie Ihre Wettbewerber auf die Ersatzbank und werden Sie zum Branchen-Gewinner. Gewinnen Sie täglich mit smartem Einsatz mehr Kunden, Erfolg, Reichweite, Sichtbarkeit und Umsatz. Steigen Sie auf in die Expertenliga Ihres Marktes. Hier werden Sie entspannt von Kundenwelle zu Kundenwelle getragen.

In diesem TaschenGuide zeige ich Ihnen, wie Sie mit der von mir entwickelten Methode Digital Expert Branding nicht nur den Sprung in die Expertenliga schaffen, sondern sich damit vor allem ein hochprofitables Expertenbusiness auf- und ausbauen.

Viel Spaß beim Lesen wünscht Ihnen

Martina Fuchs

Smart statt hart zum Erfolg mit Expert Branding

Sehen Sie Ihr Business als einen permanenten harten Kampf um Kunden? Ja? Dann ist es höchste Zeit für einen Methodenwechsel. Zeigen Sie Klasse und heben Sie sich ab von der breiten Masse.

In diesem Kapitel erfahren Sie u. a.,

- warum Sie es menscheln lassen sollten,
- warum Ihr Expertenstatus eine wichtige Rolle spielt,
- welche Schlüssel Ihnen die Türen in die Expertenliga öffnen.

Expertenliga – raus aus der Masse und ab an die Spitze

Sind Sie als führender Experte in Ihrer Branche, in Ihrer Region bei potenziellen Kunden bekannt und anerkannt? Weiß die Presse, dass man mit Ihnen sprechen muss, wenn es um Ihr Thema geht? Ist Ihre Auftragslage so exzellent, dass Sie für mehrere Monate im Voraus ausgebucht sind? Wenn Sie alle drei Fragen mit »Ja« beantworten können, dann Gratulation. Sie machen alles richtig. Wenn Sie aber auch nur hinter eine dieser Fragen ein »Nein« setzen müssen, dann sind Sie das, was ich einen »Hidden Expert« oder auch »Hidden Champion« nenne.

Mit »Hidden Champion« meine ich übrigens nicht die heimlichen Weltmarktführer, die wir hier in Deutschland haben – jene 1.600 Unternehmen, die aufgrund ihrer Spitzen-Positionierung und ihrer hohen Spezialisierung kein Marketing für ihre Erfolge benötigen. Ein Hidden Champion in meinem Sinne sind Sie, wenn Sie über exzellente Expertise und einen großen Erfahrungsschatz verfügen, aber trotz allem unsichtbar im großen Markt des Wettbewerbs mitschwimmen und manchmal dort auch untergehen, statt Ihren verdienten Platz in der Expertenliga einzunehmen.

Die zwei Bereiche eines Marktes

Jeder Marktplatz, jede Branche teilt sich in zwei Bereiche auf. Da ist einmal das große breite Marktfeld, in dem alle Unternehmen, Dienstleister, Selbstständige, Freiberufler, Einzelunternehmer, Berater oder Coaches ansässig sind. Dieses breite Marktfeld ist geprägt von starkem Wettbewerb, hohem Konkurrenzdruck, von Austauschbarkeit, Vergleichbarkeit und Verdrängung sowie von Unsichtbarkeit, wenn z. B. Ihre Positionierung schwammig ist. Ebenso herrscht hier der Preiskampf. Gerade im breiten Marktfeld wird sehr viel über den Preis entschieden. Das liegt auch nahe, denn wenn der Kunde nicht erkennen kann, was Sie als Experte auszeichnet oder welche Resultate, welchen Mehrwert und Nutzen er von Ihnen erhält, dann wird er sich in erster Linie immer am Preis orientieren. Das ist letztendlich das einzige Entscheidungskriterium, das ihm in diesem Fall bleibt. Vor allem, wenn ihm vergleichbare Angebote vorliegen und sich diese nicht wesentlich voneinander unterscheiden.

Geiz ist geil versus Brain runs on Fun

Wir Menschen sind so angelegt, dass wir möglichst viel Leistung für möglichst wenig finanzielles Investment haben möchten. Geld auszugeben aktiviert das Schmerzzentrum im Gehirn, wie die Neurowissenschaften so schön belegt haben. Hier muss also das Resultat, der Mehrwert so hoch für uns sein oder uns das Produkt so einen Anreiz verschaffen, weil es beispielsweise Themen in uns triggert wie Macht, Status oder Zugehörigkeit, dass in diesem Moment der Preis sekundär ist und für uns der Gewinn überwiegt. Brain runs on Fun – unser Gehirn liebt Belohnungen. Wenn Sie als Experte angesehen werden und echte Resultat liefern, schaffen Sie auf diese Weise einen solchen positiven Mehrwert und Anreiz. Wenn Sie dies zusätzlich noch richtig kommunizieren, dann überwiegt in diesem Moment bei der Kaufentscheidung der Gewinn, den Sie liefern.

Gewinnzone »Expertenliga«

In der Expertenliga sind die Champions der jeweiligen Branche und Marktnische zu Hause, denn jeder Markt hat seine führenden Experten. Sie sind wie Leuchttürme oder Wahrzeichen einer Stadt, die weithin sichtbar sind, egal von welcher Richtung aus man sich dieser Stadt bzw. diesem Markt nähert. Sie stehen über der breiten gesichtslosen Masse und werden von Kunden, Medien, Kollegen sowie Kooperationspartnern gleichermaßen als Experten gesehen, anerkannt und wertgeschätzt.

Sie sind die erste Anlaufstelle für Interessenten, Medien und potenzielle Kunden. Und wenn sich ein Kunde einmal für die Zusammenarbeit mit einem Experten entscheidet, wird er in der Regel nie wieder in das breite Marktfeld zurückkehren. Benötigt er weitere Unterstützung, wird ihm sein Experte einen Kollegen mit entsprechender Expertise empfehlen. Das heißt: einmal in der Expertenliga angekommen, immer in der Expertenliga zu Hause. Das gilt gleichermaßen für Kunden wie Experten.

BEISPIEL: VON SPEZIALIST ZU SPEZIALIST

Ich hatte vor einigen Jahren durch einen viralen Infekt über Nacht meine komplette Stimme verloren und mir eine schlimme Kehlkopf- und Stimmbandentzündung zugezogen. Für mich als Beraterin und Speakerin war dies eine echt bedrohliche Situation, da ich ohne meine Stimme meinen Beruf nicht ausüben kann.

Natürlich habe ich alle Hebel in Bewegung gesetzt und mir Hilfe gesucht. Nachdem ich aufgrund der damaligen Osterfeiertage im ersten Anlauf eine wirklich üble Erfahrung mit einem Notarzt machen musste, wurde ich dank einer mir bekannten Medizinerin an eine wirkliche Spezialistin weiterempfohlen. Sie betreute mich von Tag 1 an exzellent und hat mich flankierend sofort an eine weitere Expertin für Stimmbandtraining verwiesen. Beiden Spezialistinnen verdanke ich es, dass ich heute mein volles Stimmvolumen wiedererlangt habe und bereits nach sechs Wochen wieder fähig war, einen Vortrag zu halten. Wenn auch mit viel Herzklopfen und mit noch etwas dünner Stimme.

Was Ihnen dieses Beispiel zeigen soll ist, dass ich in dem Moment, als ich in der Expertenliga meine Spezialistin gefunden habe, in der Expertenliga geblieben bin und hier keinen Blick mehr zurückgeworfen habe. Und glauben Sie mir, auch Honorarsätze haben mich hier nicht interessiert, sondern allein das Resultat und Ergebnis, dass ich mit dieser großartigen Hilfe erzielen konnte: wieder gesund zu werden.

Wenn Sie also in der Expertenliga Ihren Platz einnehmen, dann profitieren Sie hier von Vorteilen wie Marktdominanz und Themenbesitz, von Empfehlungen, von Kunden, die Ihren Wert erkennen, Sie schätzen und auch bereit sind, für Premium-Leistung Premium-Preise zu bezahlen. Sie befinden sich außerhalb von Konkurrenz und Wettbewerbsdruck oder Preiskampf. Sie sind in der Gewinnzone Ihres Marktes, Ihrer Branche angekommen.

Wenn ich Ihnen jetzt also die Frage stelle, wo Sie aktuell stehen und wo Sie künftig Ihren Platz sehen, dann hoffe ich doch sehr, dass Sie sich für den Sprung in die Expertenliga entscheiden.

Ihr Sprungbrett in die Expertenliga

Sie fragen sich vielleicht jetzt: »Und wie soll mir dieser Sprung gelingen?« Ihr Schlüssel dazu lautet: Expert Branding. Eine glasklare Expertenpositionierung gepaart mit dem konsequenten Auf- und Ausbau Ihrer Expertenmarke und Ihres Expertenstatus sind die Eintrittskarte in die Expertenliga. Genau damit verabschieden Sie sich aus der Kampfzone des breiten Marktfeldes, das geprägt ist von Unsichtbarkeit, Austauschbarkeit, Unsicherheit und Preisdiktat. Die gute Nachricht für Sie: Dieser Sprung ist heute so einfach wie nie zuvor für Sie möglich! Die digitale Kommunikationswelt stellt Ihnen alles, zum Teil sogar völlig kostenfrei, zur Verfügung, was Sie dafür brauchen, um mit Ihrer Expertise am Markt sichtbar und erlebbar zu werden – und zwar völlig unabhängig von Unternehmensgröße oder Marketingbudget. Man kann sogar sagen, dass heute kleine und mittelständische Unternehmen, Dienstleister, Selbstständige und sogar Solopreneure einen Vorteil gegenüber großen Konzernen haben, denn sie können schneller am Markt agieren als diese. In der heutigen Zeit ist das ein unschlagbarer Vorteil.

Als ich vor 25 Jahren meine Karriere bei den Medien startete, gab es drei zentrale Kommunikationskanäle auf dem Markt: Print, TV und Hörfunk. Das Angebot der TV- und Radiostationen war überschaubar und der Printbereich wurde innerhalb der jeweiligen Publikums-, Nachrichten-, Wirtschafts- und Fachzeitschriften-Segmente von Titeln wie beispielsweise Stern, Spiegel, Bunte, Vogue oder Cosmopolitan bestimmt. Wenn ich an meine aktive Zeit zu Beginn meiner Karriere bei Cosmopolitan und Harper's Bazaar zurückdenke, dann kann ich mich noch gut an die Redaktionsbesuche der PR-Agenturen oder an die vielen Presse-Events erinnern, zu denen man eingeladen wurde. Das war damals einer der Wege, wie man sich die Aufmerksamkeit und Gunst der Medienvertreter sichern wollte, um mit einem redaktionellen Bericht oder einer Erwähnung ins nächste Heft zu kommen. Denn es war für alle Seiten klar, dass wir, die Medienmacher, am langen Hebel saßen und bestimmten, wer es ins nächste Heft oder in die nächste Sendung schaffte. Das hieß im Umkehrschluss, dass man hier als Türöffner eine gute PR-Agentur und auch ein entsprechendes Budget benötigte oder so trendy war mit seinem Experten-Thema, dass die Presse ganz wild darauf war.

Nach wie vor hat sich an diesen Spielregeln bei den Medien nichts geändert, genauso wenig wie daran, dass die Person, die man interviewt oder zur Sendung einlädt, über eine entsprechende Expertise zum Thema verfügen muss. Eines der wichtigsten Gütesiegel für den akzeptierten Expertenstatus bei Medienvertretern ist beispielsweise das eigene Buch. Darüber hinaus zählt heute als Kriterium für den Expertenstatus auch die digitale Sichtbarkeit sowie die Reichweite und der Einfluss, der Influencer-Status, des jeweiligen Experten innerhalb seines Themenfeldes.

Als »Hidden Expert & Champion« kann es ganz schön schwer werden, sich solche Türen zu öffnen. Aber das ist auch gar nicht nötig, denn die digitale Kommunikations- und Marketingwelt bietet uns ein breites Portfolio an Marketing-Instrumenten, die uns völlig unabhängig machen von der Gunst der Medien, PR-Agenturen oder von großen Marketing- & PR-Budgets. Heute können Sie mit geringstem Aufwand und mit jeder Budgetgröße Ihre Expertise sichtbar und erlebbar machen und so gezielt Ihren Expertenstatus sowie Ihr Expert Branding aufbauen und etablieren.

Sie können innerhalb eines Tages mit einem Podcast Ihre eigene Radio-Show starten, mit YouTube und Facebook-Live einen eigenen Experten-TV-Kanal ins Leben rufen oder mit einem Blog Ihr eigenes Lifestyle Magazin publizieren. Alles was Sie dafür machen müssen, kann in drei Buchstaben zusammengefasst werden: T-U-N. Werden Sie also aktiv, kommen Sie ins Tun.

Starten Sie mit all dem, für das Sie aktuell als Experte mit Ihrem Unternehmen stehen, und entwickeln Sie darauf aufbauend Ihre Expert-Branding-Strategie am besten »on the Go«. Warten Sie nicht, bis alles perfekt ist, bevor Sie damit rausgehen, denn die digitale Welt fordert von uns schnelles Handeln und Umsetzen. Wir sprechen hier von »Speed of Implementation«. Und je sichtbarer Sie werden und sind, um so sichtbarer werden Sie nicht nur für potenzielle Neukunden, sondern eben auch wieder für Medienvertreter und spannende Kooperationspartner.

Geben Sie Ihrem Unternehmen ein Gesicht – Ihr Gesicht

Wenn wir heute erfolgreich sein möchten, dann müssen wir aus der gesichtslosen Masse des Marktes hervortreten und aufhören, uns hinter unserem Unternehmen, unserer Marke oder unseren Marketingaktivitäten zu verstecken. Wir müssen das Rudel verlassen und uns systematisch auf den Weg zur Spitze machen. Das ist nicht immer bequem oder angenehm. Und es bedeutet eigentlich immer auch, die eigene Komfortzone zu verlassen. Aber wenn Sie dazu bereit sind, werden Sie vielfältig dafür belohnt.

Was uns in der breiten Masse gefangen hält

Doch werfen wir zuerst einmal einen Blick auf die Gründe und Punkte, die dafür sorgen, dass Sie noch nicht in der Expertenliga angekommen sind:

- Als Unternehmer verstecken Sie sich hinter Ihrer Marke oder Ihrem Unternehmen und vermeiden jegliche Art von öffentlicher Sichtbarkeit.
- Es fehlt eine eindeutige Positionierung. Das führt dazu, dass Sie im breiten Marktfeld einfach untergehen.
- Die Experten-Alleinstellungsmerkmale sind nicht herausgearbeitet und die Kunden können nicht erkennen, was Sie von Ihren Mitbewerbern maßgeblich unterscheidet.

- Es fehlt ein Signature-Angebot, eine eigene Methodik oder ein Ansatz, für den Sie mit Ihrer Expertise stehen und wofür Sie bekannt sind.
- Es herrscht keine Klarheit über die essenziellen Bedarfsgruppen, die einen echten Bedarf an Ihrer Expertise haben. Es fehlen klar identifizierte Buyer Personas (was das genau ist, lesen Sie in Kapitel »Das Du der EB Positionierungs-Matrix«).
- Die Customer Journey wurde nicht sauber herausgearbeitet und es mangelt an Wissen über die wichtigsten Touchpoints, an denen Sie mit Ihrer Expertise präsent sein sollten.
- Es werden die falschen Kommunikations-, Marketing- und Medienkanäle genutzt, weil Strategie und Planung fehlen oder nicht auf Ihre wichtigsten Kundengruppen ausgerichtet sind.
- Es wird ständig nach neuen »Shiny Objects & Marketing-Maßnahmen« gegriffen, weil man hofft, dass dies jetzt endlich der Schlüssel zum Erfolg ist, oder weil sie gerade am Markt gehypt werden.
- Sie sehen sich selbst nicht als Experte bzw. zweifeln daran, ob Sie sich selbst wirklich so bezeichnen können und so nach außen treten und sichtbar werden dürfen.

Letzteres ist übrigens eine der größten Hürden, wenn es um Expertenpositionierung und das Expert Branding geht, und zwar unabhängig von Ausbildung, Berufserfahrung oder Erfolg. Früher oder später taucht die Frage: »Bin ich wirklich ein Experte?« in meinen Beratungen auf. Dann ist es wichtig, das richtige Experten-Mindset zu etablieren, denn die Frage, die sich eigentlich dahinter verbirgt, lautet: »Bin ich gut genug?« Ich stelle dann gerne folgende Gegenfrage: »Wann sind Sie in Ihren Augen gut genug?«

Menschen kaufen von Menschen

Noch ein anderer Punkt spielt bei vielen von uns eine ganz entscheidende Rolle, und zwar der des sich hinter der eigenen Marke oder Unternehmens Versteckens. Denn wer nicht sichtbar ist, wer sein Gesicht nicht zeigt, ist schlichtweg heute nicht existent. Ja, er gilt im schlimmsten Falle sogar als unseriös.

Heute, wo vom Kleinkind bis zum Rentner jeder alles via Smartphone festhält und mit der Welt teilt, ist es nahezu suspekt, wenn wir auf Undercover-Experten stoßen, zu denen wir nichts oder nur wenig im Web finden.

Durch die massiven Veränderungen in unserem Web-Zeitalter mit seinen Social-Media-Portalen, Tools, Techniken und Technologien hat sich natürlich auch die Form, wie wir heute kommunizieren, massiv geändert.

Klassische Werbeformen werden sterben

Klassische Werbeformen wie Anzeigen, TV- oder Radiospots sind auf dem absterbenden Ast. Wir sind davon nicht nur gelangweilt, sondern schenken diesen Botschaften auch schon lange keinen Glauben mehr. Wir sind immun gegen sie geworden. Das belegt auch das Buyer Persona Institut, das zu diesem Thema tausende Kundenbefragungen durchgeführt hat. Sie zeigen, dass die Kaufentscheidung nur in den seltensten Fällen durch eine Anzeige, einen TV- oder Radiospot ausgelöst wird. Und noch wichtiger: Durch Streaming-Dienste wie Amazon Prime, Netflix oder YouTube, durch Podcasts oder Adblocker erreichen uns klassische Werbebotschaften immer weniger, denn alle diese Kanäle sind werbefrei! Das heißt, wenn Sie auf klassische Marketingkanäle setzen, sollten Sie schleunigst über neue Formen des Marketings nachdenken. Und genau dabei hilft Ihnen dieses Buch.

Menschen kaufen am liebsten von Menschen, denen Sie vertrauen, glauben und mit denen sie sich identifizieren können. Nicht umsonst sind wir aktuell auch im Zeitalter der Influencer angekommen – wobei das Prinzip, das dahinter steht, eigentlich ein alter Hut ist, wenn wir ehrlich sind. Schauspieler, Models, Sportler oder Sänger werden seit jeher, und nicht erst seit Instagram oder YouTube, ganz gezielt als Gesicht und Markenbotschafter für Unternehmen eingesetzt, um ihren Einfluss auf verschiedene Zielgruppen für Werbezwecke zu nutzen. So setzten beispielsweise Haribo auf Thomas Gottschalk und Bully Herbig, Coca Cola auf Manuel Neuer oder Netflix auf Beyoncé.

BEISPIEL: CLAUS HIPP

Einer der wenigen deutschen Unternehmer, der es wirklich verstanden hat, was es bedeutet, wenn man aufhört, sich hinter seinem Unternehmen zu verstecken, ist für mich der Vorzeige-Unternehmer Claus Hipp. Mit seiner Kampagne »Dafür stehe ich mit meinem Namen« hat er sich erfolgreich von den großen anonymen Konzernen wie Nestlé abgesetzt und so den Erfolg seines mittelständischen Unternehmens, das heute der größte Hersteller von Säuglingsnahrung in Deutschland ist, vorangetrieben.

So einfach Hipps Botschaft war, so genial ist sie auch, denn es gibt keine größere Sicherheit und Garantie, die wir geben können, als mit unserem persönlichen Namen für Qualität und den Erfolg unserer Kunden zu bürgen.

Meine Frage an Sie: Wofür stehen Sie mit Ihrem Namen?

Emotionen versus Zahlen – Daten – Fakten

Nur sein Gesicht zu zeigen, genügt aber noch nicht, denn wir Menschen wollen mehr. Wir wollen mehr Emotionen, wir wollen berührt werden und uns nicht nur mit dem Gesicht, sondern auch mit der Geschichte hinter dem Unternehmen verbinden.

Jeder Spitzenverkäufer weiß, dass man erst mit Emotionen das Herz des Kunden erobern muss, bevor man den Verstand mit Zahlen, Daten und Fakten füttern kann. Oder welche logischen Gründe sprechen dafür, sich in einer Stadt wie München mit Parkplatznot an jeder Ecke ein Riesenschiff auf vier Rädern zu kaufen statt einen Kleinstwagen?

Weg von – hin zu

Menschen sind emotionale Wesen, die von ihren Bedürfnissen und Wünschen gesteuert werden. Aber nicht nur das. Zusätzlich dominieren in unserem Leben vorwiegend zwei Dynamiken: Wir wollen entweder von etwas weg, vorrangig weg von unseren Problemen, Hindernissen, Schmerzen und Blockaden. Oder wir wollen zu etwas hin, vorrangig zur Lösung, zum Gewinn, zum gewünschten Ergebnis, zur Bedürfniserfüllung.

Wenn wir uns einen Experten als Ratgeber und Berater holen, dann wollen wir in der Regel da hin, wo der Experte bereits selbst ist, oder mit seiner Hilfe und Methode hin zum gewünschten Erfolg.

Wenn es nun um unsere Entscheidung geht, mit welchem Experten wir arbeiten, welches Angebot von uns den Zuschlag erhält, was, glauben Sie, hat hier mehr Einfluss auf Ihre Kaufentscheidung: Ihre Gefühle oder Ihre Ratio? Auch wenn es Ihnen vielleicht widerstrebt, aber unsere Gefühle sitzen hier am längeren Hebel. Laut dem Neuromarketing-Experten Dr. Hans-Georg Häusel liegt der Anteil der Emotionen bei unseren Kaufentscheidungen bei 97 %. Bleiben mickrige 3 % Mitspracherecht für unseren Verstand. Emotion sells! Dies bedeutet, wir müssen unsere Botschaften emotional verpacken, damit sie die wichtigsten und ältesten Instanzen in unserem Gehirn, das limbische System und das Stammhirn, passieren können. Hier wird mit Logik oder Ratio nichts erreicht, sondern ausschließlich mit Emotion. Und nur wenn diese Areale in unserem Gehirn grünes Licht geben, haben Zahlen, Daten und Fakten die Chance, unser Großhirn zu erreichen.

Deswegen lautet hier ein Kernsatz: Brain runs on Fun! Unser Gehirn will Spaß. Dies bestätigt auch der renommierte Hirnforscher Professor Manfred Spitzer.

Die N+E+S+E=V-Erfolgsformel

Die N+E+S+E=V-Erfolgsformel setzt sich zusammen aus

N für Nasenfaktor
\+ **E** wie Emotion
\+ **S** wie Story
\+ **E** wie Expertise
= **V**ertrauen

Der Nasenfaktor

Gerade der Nasenfaktor macht den Unterschied. Er ist nicht nur ein wichtiges Entscheidungskriterium dafür, mit wem wir arbeiten, sondern vor allem für die Entscheidung, wem wir unser Vertrauen schenken. Je persönlicher die Themen des potenziellen Kunden sind oder je wichtiger ihm sein Anliegen ist, um so essenzieller ist der Faktor Vertrauen für seine Kaufentscheidung. Und der Nasenfaktor hat noch einen entscheidenden Vorteil: Er macht Sie unkopierbar! Wissen kann kopiert werden, Ihre Persönlichkeit nicht.

Dieser Nasenfaktor kann aber nur dann erfolgreich genutzt werden, wenn wir als Unternehmer sichtbar, greifbar, erlebbar, spürbar, nahbar sind und, ja, uns manchmal sogar auch als verletzbar zeigen. Das erst macht Sie menschlich und zu einer Person, mit der sich Kunden verbinden und identifizieren können und möchten.

Ihre Signature-Story

Indem wir nicht nur eine glattpolierte Fassade von uns präsentieren, schaffen wir eine tragfähige emotionale Basis. Verstärkt wird dies noch durch Ihre Signature-Story. Sie erzählt, warum Sie tun, was Sie tun, was Sie antreibt, woher Sie kommen, was Sie mitbringen, welche Werte Sie leben und was Sie bereit zu geben sind. Auch sie ist ein wichtiges Bindeglied zum Kunden, vor allem dann, wenn man auch ehrlich Höhen und Tiefen mit den Menschen teilt. Das berührt sie, damit können sie sich identifizieren und das sind wiederum die Geschichten, die sie anderen weitererzählen oder mit ihnen teilen.

Vergessen Sie dabei auch nicht, die Erfolgsgeschichten Ihrer Kunden zu erzählen. Sie sind der »Social Proof« für Ihre Expertise, die natürlich neben Ihrer Persönlichkeit eine entscheidende Rolle spielt.

Das alles zusammen schafft den wohl wichtigsten Faktor für eine Kaufentscheidung: das Vertrauen. Es hat schon immer eine Rolle gespielt, nimmt aber in unserer virtuellen Welt heute einen noch höheren Stellenwert ein als früher.

Wer mit Expert Branding gewinnt

In einer Zeit schwindender Markenloyalität gegenüber großen anonymen Marken ist Expert Branding der Erfolgsschlüssel für kleine und mittelständische Unternehmen, inhabergeführte Unternehmen, Dienstleister, Handwerksbetriebe, Selbstständige,

Freiberufler, Berater und Einzelunternehmer. Sie alle haben hier einen unschlagbaren Vorteil, denn große Unternehmen tun sich damit schwer. Konzerne sind oft noch viel zu verliebt in ihre alten Strukturen sowie Strategien, und durch die vielen Entscheidungsebenen kommen sie oft gar nicht erst ins Handeln. Ich vergleiche das immer gerne mit einem großen Tanker oder Kreuzfahrtschiff. Bis hier überhaupt erst ein Wendemanöver eingeleitet wird, sind Sie mit Ihrem wendigen Speedboat schon im Ziel.

Also nutzen Sie Ihre Chance und fangen Sie heute noch an, sich als Expertenmarke zu positionieren oder zu repositionieren für Ihren Status »ausgebucht«!

Expertenmarke versus Personenmarke

Wenn es um Expert Branding sowie Experten-Positionierung geht, dann sollten wir uns als Erstes mit dem Thema Brand = Marke beschäftigen. Vor allem bei Ihrer Positionierung ist es das Ziel, Sie als unverwechselbare Experten-Marke zu etablieren. Da Marke nicht gleich Marke ist, hier ein kurzer Überblick über die aktuellen Markenformen.

Da ist die Unternehmensmarke mit Vertretern wie Apple, Siemens oder Microsoft. Dann gibt es die Produkt-Marke, zu der Nutella, Nivea, Maggi oder Coca-Cola gehören. Davon unterscheiden sich wiederum die Dachmarken wie Beiersdorf oder Procter & Gamble, unter deren Dach viele unterschiedliche Produktmarken wie Nivea, Gillette, Braun eine Heimat finden. Zu

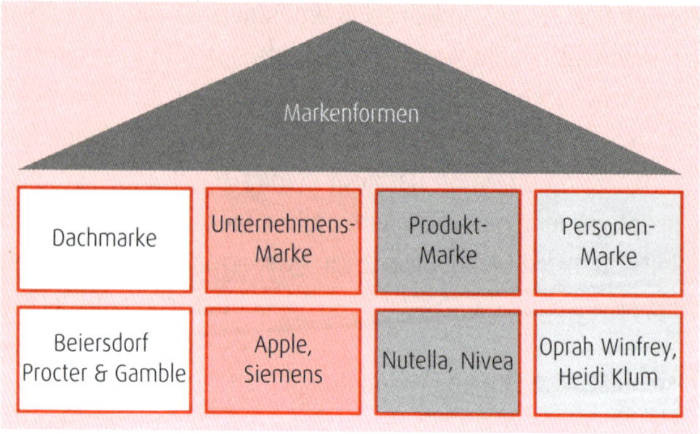

Markenformen

guter Letzt gibt es die Personen-Marke, bei welcher der Mensch im Vordergrund steht und die für uns der Weg zur Experten-Marke ist. Lassen Sie uns diese Markenform deshalb jetzt im Einzelnen betrachten.

Personal Brand: Marke Mensch

Die Personen-Marke, die neudeutsch auch Personal Brand genannt wird, stellt den Menschen und seine Persönlichkeit in den Mittelpunkt. Sie stilisiert diesen zur Marke. Somit können wir hier von der Marke Mensch sprechen.

Klassische Personal Brands finden wir beispielsweise in der Unterhaltungsindustrie, in den Medien, im Sport und in der Beauty- und Fashion-Industrie. Hier treffen Sie auf die Personen-Marken Heidi Klum, Anna Wintour, Tom Cruise, Julia Roberts,

Manuel Neuer oder Musikerinnen wie Adele oder Beyoncé. Selbst die Queen of England ist eine Personal Brand oder besser noch eine Royal Brand. Bei dieser Klasse, in der sich die sogenannten A-Promis tummeln, spricht man auch gerne von Celebrity Brands, da sie durch ihre Position und ihren Glamour einen besonderen Markenwert mit sich bringen, der durch den sogenannten Human Brand Index bemessen werden kann.

Ein Konzept-Mix als Rezept

Was zeichnet nun eine Personen-Marke aus? Wir treffen hier auf eine Mischung aus Persönlichkeit, Lifestyle, Image und Talent gepaart mit einer hohen Sichtbarkeit, die je nach aktueller Kampagne und Promotion mal zwischen einem Sich-rar-Machen und Omnipräsenz pendeln kann. Wichtig dabei ist, dass in der Regel das Image und der Lifestyle der Person in der Vermarktung mehr Gewicht erhält als das ursprüngliche Talent. Damit lässt sich nämlich auch Geld verdienen, oft mehr als mit der eigenen Kunst, indem man z. B. eine eigene Modekollektion oder eine Kosmetik-Serie auf den Markt bringt. Was man damit alles erreichen kann, zeigt das Beispiel von Jay-Z.

BEISPIEL: JAY-Z

Laut Forbes ist Jay-Z eine der mächtigsten und wertvollsten Personal Brands, der erste Hip-Hop-Künstler und Rapper, der aus dem Nichts ein Vermögen von 1 Milliarde Dollar aufgebaut hat. Dies hat er nicht nur allein durch seine Musik, sondern vor allem durch seine anderen Unternehmen, Investitionen und Kooperationen in den Bereichen Mode, exklusive Alkoholmarken, Immobilien, Uber-Anteile und den Musik-Streamingdienst Tidal geschafft.

Allerdings sind diese Personen-Marken oft sehr anfällig für Krisen und unterliegen starken Schwankungen. Der Grund: Wenn alles auf Image und Lifestyle gründet und weniger auf Talent oder Expertise, dann können persönliche Ausrutscher die Marke irreparabel beschädigen. Ein Beispiel dafür ist Boris Becker.

BEISPIEL: BORIS BECKER

Mit seinem Ausflug in die Wäschekammer startete die Abwärtsspirale seiner Personen-Marke, die von da an durch weitere Demontagen seinerseits und durch seine Insolvenz massiv geschädigt wurde. Ein Fall für die rote Liste des Human-Brand-Index.

Auch Trendthemen können die Wirk- und Strahlkraft von Personen-Marken ins Schwanken bringen und sogar deren Lebensdauer verkürzen, wenn die Person eng mit diesem Trend verknüpft ist. Heute noch hot, morgen schon wieder weg vom Fenster. In der Musik spricht man treffend vom One-Hit-Wonder.

Aber nicht nur Prominente, Medien-Stars, Politiker oder Sportler fallen unter die Rubrik Personen-Marke, sondern auch Menschen, die über eine besondere Expertise verfügen. Mir persönlich hat diese Vermischung der einzelnen Persönlichkeits-Marken unter dem Dach »Personal Brand« noch nie gefallen. Aus meiner Zusammenarbeit mit Medien und der Musikindustrie weiß ich aus Erfahrung, dass ein Mensch, dessen Expertise und fachliche Kompetenz auf seinem Wissen und weniger auf seinem Lifestyle beruhen, eine völlig andere Kommunikations- und Marketing-Strategie benötigt als beispielsweise eine Celebrity-Brand, ein Sportler oder ein Medien-Star. Deswegen habe ich mit der »Expert Branding Matrix« und »Digital Expert Branding«, basierend auf meiner Expertise aus 25 Jahren Marketing und Medien, mein eigenes Modell entwickelt, um Unternehmer wie Sie beim Auf- und Ausbau sowie bei der Etablierung einer erfolgreicher Experten-Marke zu unterstützen.

Experten-Marke – Persönlichkeit trifft auf Expertise

In dem Moment, wo Expertise und Fachkompetenz auf Persönlichkeit treffen, sprechen wir von einer Experten-Marke. Hier stehen nicht das Image, der Lifestyle oder ein Trend im Vordergrund, sondern das pure Wissen und die Erfahrung, über die diese Person verfügt. Eine Experten-Marke zeichnet sich durch eine exzellente Problemlösungskompetenz, durch Wissensdurst, Innovations- und Forschergeist sowie Neugier aus. Ein Experte ist sowohl lebenslanger Student als auch Wissensgeber. Er ist Problemversteher und Problemlöser in einer Person und seine Expertise beruht auf gelebter Erfahrung und Anwendung in der Praxis. Diese Mischung macht die Experten-Marke so wertvoll und so stabil, denn sie wird mit den Jahren immer besser und wertvoller, wie ein exzellenter Wein. Sie wächst und reift mit der Persönlichkeit und dem stetigen Wissenszuwachs und -aufbau. Ihre Wirkkraft und Lebensdauer können selbst über den Tod der Person hinaus bestehen, wie wir am Beispiel von Steve Jobs, dem Gründer von Apple, sehen können. In der Apple-Community ist sein Wort nach wie vor Gesetz. Nicht umsonst wird er auch i-Gott genannt.

Eine Experten-Marke ist somit unabhängig von Trends und sie ist vor allem krisenresistent. Ein gutes Beispiel hierfür ist Uli Hoeneß.

BEISPIEL: ULI HOENESS

Vom Fußballspieler über den Fußball-Funktionär bis hin zum Präsident beim FC Bayern und ganz nebenbei erfolgreicher Unternehmer. Uli Hoeneß schaut auf eine glänzende Karriere zurück. Seine Steuerhinterziehung mit Haftstrafe hat er nahezu unbeschadet überstanden, war danach sogar wieder Präsident des FC Bayern. Warum? Uli Hoeneß lebt, liebt und atmet Fußball. Darüber hinaus ist er emotional, er polarisiert und hält mit seiner Meinung nicht hinter dem Berg. Diese unbedingte Fußball-Liebe und seine Kantigkeit lieben und schätzen seine Fans im Kosmos Fußball.

Dennoch sollten Sie natürlich gut auf die Pflege und die Entwicklung Ihrer Experten-Marke achten. Dies betrifft beispielsweise Ihre Medienpräsenz, Marketing-Strategie sowie die weise Wahl von Kooperationspartnern. Ein negativer Imagetransfer von einer anderen Marke, einer Person oder einem Produkt kann Sie und Ihre Expertenmarke schwächen oder sogar irreparabel beschädigen. Je wertvoller Ihre Expertenmarke ist, umso größer kann der Schaden sein.

Aufgaben einer Experten-Marke

Wenn wir uns als Experten-Marke erfolgreich positionieren möchten, dann sind damit auch gewisse Aufgaben verbunden, die wir als eine solche Marke für die Menschen erfüllen müssen und die auch von uns erwartet werden.

Aufgabe Nr. 1: Problemversteher & Problemlöser in einer Person

Als Experte müssen Sie die Bedürfnisse und Probleme Ihrer Zielgruppe so gut wie kein anderer erkennen und verstehen. Sie müssen wissen,

- wo die größten Hürden, Hindernisse und Probleme Ihrer potenziellen Kunden liegen und
- welche Bedürfnisse erfüllt werden wollen und welche Wünsche als Treiber und Motivator dahinter liegen.

Sie müssen zuhören, hinhören und Sie müssen die richtigen Fragen stellen, um die richtigen Antworten zu bekommen. Darin liegt ein Schlüssel für Ihren Erfolg. Sie müssen aber nicht nur verstehen, was Ihre Zielgruppe bewegt, Sie müssen gleichzeitig die beste Problemlösung oder Bedürfniserfüllung für Ihre Zielgruppe sein und anbieten. Sie müssen da sein, wo Ihre Kunden hin wollen. Sie müssen das beste Produkt, die beste Dienstleistung, den besten Service für diese Menschen haben und dies entsprechend kommunizieren. Liefern Sie das, ist Ihr Erfolg unausweichlich.

Aufgabe Nr. 2: Klarheit schaffen & Orientierung geben

Heute steht uns per Knopfdruck mehr Wissen denn je zur Verfügung. Diese Informationsflut führt nicht selten zu Stress, Überforderung und auch Unentschlossenheit. Ihre Kunden fragen sich: Was ist jetzt für mich in dieser Situation die richtige Lösung? Hier kommen Sie ins Spiel. Denn als Experte stehen Sie mit Ihrer Expertise für die Essenz eines Fachgebiets. Sie kennen den Weg – und je mehr Klarheit und Orientierung Sie, besonders in stürmischen Zeiten, bieten, umso besser ist es, denn Ihre Kunden wollen, wie wir alle, immer schnell, einfach und unkompliziert ans Ziel.

Aufgabe Nr. 3: Leadership statt Followship

Experten folgen nicht – sie führen. Von einem Experten erwarte ich, dass er auf neuen Wegen vorangeht und kein Mitläufer in der breiten Masse ist. Leadership bedeutet in diesem Kontext auch Themenbesitz. In Ihrem Thema sollten Sie immer führend und up to date sein. Das bedeutet auch, neue Trends und Strömungen wahrzunehmen und, wo es sinnvoll ist, in Ihre Arbeit zu integrieren und für Ihre Kunden zu implementieren.

Aufgabe Nr. 4: Vom Pfadfinder zum Pfadgeber

Was einen Experten definitiv auszeichnet ist, dass er den Weg, den der Kunde noch vor sich hat, im besten Falle selbst gegangen ist. Zumindest aber hat ihn seine Ausbildung, Praxiskompetenz und Erfahrung dazu befähigt, gangbare und erfolgreiche Wege für seine Kunden zu entwickeln.

Aufgabe Nr. 5: Thought-Leader statt Thought-Repeater

Vor-Denken statt Nach-Denken. Punkten Sie mit frischen, neuen Ideen, Methoden und Ansätzen. Platzieren Sie beim Gegenüber neue Denkanstöße und Perspektivenwechsel. Irritieren und provozieren Sie und holen Sie auf diese Weise die Menschen raus aus ihrer Box und Komfortzone. Nur so machen Sie den Weg frei für neue Lösungsansätze.

Aufgabe Nr. 6: Walk your Talk – leben Sie, was Sie predigen

Die Grundvoraussetzung, um als Experte ernst genommen zu werden und Glaubwürdigkeit sowie Vertrauen in Ihrer Zielgruppe zu erlangen, ist, dass Sie das, was Sie predigen, auch selbst anwenden und erfolgreich umsetzen. Genau das macht den Unterschied zu sogenannten Luftpumpen-Experten, die es in jedem Markt gibt. Das sind Menschen, die nur heiße Luft ohne Substanz verbreiten. Das mag am Anfang funktionieren, aber auf Dauer ist dies zum Scheitern verurteilt, denn eines dürfen wir nicht vergessen: Menschen sind heute dank des World Wide Webs so gut wie nie zuvor informiert.

Ihr Einsatz für Ihren Erfolg als Expertenmarke

Sie wissen ja, alles hat seinen Preis. Das gilt auch, wenn wir uns als führender Experte mit Status »ausgebucht« positionieren möchten. Allerdings geht es hier weniger um einen monetären Einsatz als vielmehr um Ihren persönlichen Einsatz. Was sind Sie bereit dafür zu geben? Sind Sie bereit, dafür Ihre Komfortzone zu verlassen? Lassen Sie uns einen Blick darauf werfen, welchen Preis Sie für den Status »ausgebucht« zahlen müssen.

Preis Nr. 1: Mindset-Shift für Ihre Expertenpositionierung

Bin ich wirklich ein Experte? Diese Frage taucht früher oder später immer in meinen Beratungen auf, und zwar unabhängig vom jeweiligen Wissen, Können und der Erfahrung. Der Grund: Wir hier im D.A.CH-Raum sind verliebt in TÜV-Siegel und Zertifikate. Brauch ich nicht doch noch einen Doktorhut, ein Zusatz-

oder Aufbaustudium, die 10. Fort- und Ausbildung, bis ich soweit bin, bis ich ein Experte bin? So schade, dass es kein Diplom für den Expertenstatus gibt! Die eigentliche Frage, die sich dahinter verbirgt, lautet: »Bin ich wirklich gut genug?« Meine Gegenfrage an Sie: »Wann sind Sie gut genug?«

In den letzten 25 Jahren ist mir eigentlich noch niemand begegnet, der für seine Aufgabe unterqualifiziert gewesen wäre. In der Regel wissen wir heute meist mehr als genug. Gerade diejenigen, die ihre Qualifikation hinterfragen, verfügen alle über mehr als genug Wissen, um sich damit als Experte zu positionieren und ihren Weg in die Expertenliga anzutreten. Alles, was Sie hier tun müssen, ist, diese innere Angst oder Sorge, nicht gut genug zu sein oder als Luftpumpe enttarnt zu werden, loszulassen. Sie wissen ja, Ihre Expertise wächst mit Ihnen mit, genauso wie Ihr Expertenstatus. Also hören Sie auf damit, Ihren Erfolg selbst zu verhindern.

Preis Nr. 2: Mut zur Sichtbarkeit

Schluss mit dem Versteckspiel – Schluss mit dem Undercover-Einsatz! Was für einen James Bond lebensrettend ist, ist für Sie und Ihr Unternehmen tödlich. Sie müssen rausgehen, Sie müssen als Mensch hinter dem Unternehmen, hinter der Marke erlebbar, sichtbar und spürbar für die Kunden werden. Den Grund dafür kennen Sie schon: Weil wir Menschen am liebsten von Menschen kaufen. Menschen, die wir kennen, mögen und denen wir vertrauen.

Eine alte Marketing-Regel lautet: Wir brauchen zwischen sieben und zwölf Kontakten, bis wir uns für einen Kauf entscheiden. Das heißt, Sie müssen an den wichtigsten Touchpoints, also an den wichtigsten Kontakt-Schnittstellen, die Ihre Interessenten und Kunden aufsuchen, um nach einer Lösung für ihr Bedürfnis oder Problem zu schauen, sichtbar und präsent sein. Und zwar nicht nur einmal, sondern konsequent und ständig. Wer dort, also z. B. im Web, in Foren und Blogs oder Social-Media-Kanälen, nicht sichtbar ist, existiert einfach nicht.

Preis Nr. 3: Mut zur Haltung – Mut zu einem Standpunkt

Positionierung bedeutet einen Standpunkt einnehmen. Als Experte sollten Sie nicht nur einen eindeutigen Standpunkt vertreten, sondern auch Haltung zeigen. Hier sind Ecken und Kanten gefragt. Verabschieden Sie sich am besten gleich von der Vorstellung, Everybody's Darling sein zu wollen. Das ist sowieso nicht möglich. Es wird nämlich immer jemanden geben, der nicht mit Ihnen übereinstimmt oder dem Ihre Nase nicht gefällt. Außerdem sind »People Pleaser« so sehr damit beschäftigt, es anderen recht machen zu wollen, dass sie dabei völlig ihr eigenes Ziel aus den Augen verlieren.

Preis Nr. 4: Mut zur Führung

Sie müssen bereit sein, das Rudel, also die breite Masse zu verlassen. Sie müssen Ihren Platz an der Spitze nicht nur einnehmen, sondern auch mutig vorangehen. Dabei sollten Sie für Ihre Kunden den Weg nicht nur von Hindernissen und Hürden frei machen, sondern auch bereit sein, neue Wege zu gehen.

Mit der Expert Branding Matrix zum Status »ausgebucht«

Wenn Sie sich erfolgreich als Experte am Markt positionieren und ein hochprofitables Experten-Business aufbauen möchten, dann sollten Sie unbedingt die nachfolgend aufgelisteten fünf Schritte gehen. Wichtig dabei ist, dass Sie die vorgegebene Reihenfolge einhalten und nicht etwa eine Abkürzung wählen, außer einer dieser Wegpunkte ist bereits in Gänze von Ihnen durchgearbeitet worden. Warum ich dies so ausdrücklich hervorhebe? Ich stelle immer wieder fest, dass nahezu alle zuerst mit dem Marketing beginnen und hier sofort mit diversen Maßnahmen in Aktion treten, ohne sich vorher mit wichtigen Punkten wie der Positionierung, Markt-Analyse oder dem expliziten Herausarbeiten der eigenen Zielgruppe zu beschäftigen. Das ist aber genau der Grund, warum viele Marketing-Aktionen nicht greifen, und zwar unabhängig von der Größe des Unternehmens.

Hier also für Sie im Überblick und in der richtigen Reihenfolge die einzelnen Erfolgsschlüssel, die wir später noch im Detail betrachten werden.

- **Erfolgsschlüssel Nr. 1 – Positionierung:** Der erste Schlüssel für Ihren Erfolg, also quasi das »A« von »ausgebucht«, lautet: Positionierung. Eine eindeutige Positionierung sorgt dafür, dass Sie sich klar am Markt von anderen Mitbewerbern mit Ihrer Expertise abheben und differenzieren. Mit einem klaren Experten-Profil und einer Experten-Positionierung sind Sie in

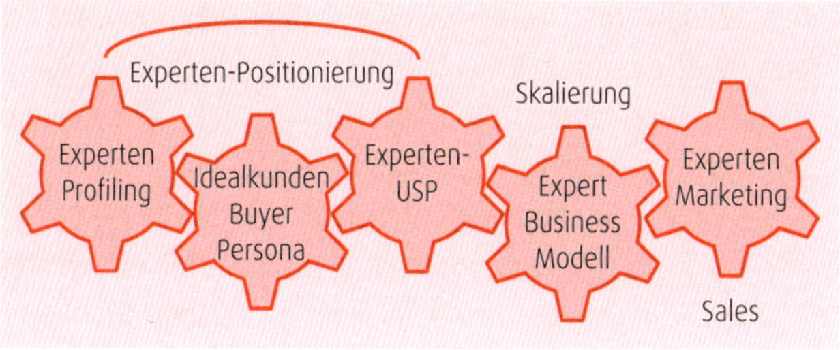

Expert Branding Matrix

der Wahrnehmung potenzieller Kunden und Interessenten nicht mehr austauschbar, sondern unverwechselbar. Ein wichtiger Hebel bei Ihrer Kundengewinnung.

- **Erfolgsschlüssel Nr. 2 – Kunden und Bedarfsgruppen:** Nur wenn Sie Ihre Kunden, Ziel- und Bedarfsgruppen besser kennen als sich selbst, dürfen Sie diesen Punkt überspringen. Die wertvollste Ressource für Ihr Unternehmen sind ein steter Strom von Neukunden und natürlich loyale sowie begeisterte Bestandskunden. Dies erreichen Sie unter anderem damit, dass Sie echten Mehrwert liefern und eine exzellente Customer-Experience bieten. Dazu müssen Sie aber im Vorfeld erst einmal wissen, was Ihre Kunden wirklich brauchen. Wo liegt deren brennendstes Problem und somit gleichzeitig ihr akutester Bedarf? Genau das gilt es bei diesem Punkt herauszufinden.
- **Erfolgsschlüssel Nr. 3 – Markt und Experten-USP:** Hier geht es darum, sich einen exakten Überblick über den aktuellen Markt zu verschaffen und Ihre Mitspieler auf dem Feld, also

Ihre Mitbewerber, kennenzulernen. Dank des Internets ist dies heute eine ziemlich einfache Aufgabe, die aber trotzdem gerne vernachlässigt wird. Dabei gibt es hier jede Menge Potenzial zu entdecken. Die Markt-Analyse hilft Ihnen, klarer zu erkennen, worin Ihr Alleinstellungsmerkmal, Ihr USP, liegt, den wir für Ihr Experten-Profil und für die Verfeinerung Ihrer Positionierung sowie zur Abgrenzung gegenüber dem Wettbewerb benötigen.

- **Erfolgsschlüssel Nr. 4 – Angebot und Signature-Produkte:** Wenn wir Positionierung, Zielgruppe und den Markt geklärt und analysiert haben, dann können Sie mithilfe der gewonnenen Erkenntnisse Ihre aktuellen Angebote überprüfen, ob sie wirklich die Bedürfnisse Ihrer Zielgruppe erfüllen oder ob Sie sie optimieren sollten. Darüber hinaus bieten die Ergebnisse auch die Basis für die Entwicklung neuer Dienstleistungen, Produkte oder Services.
- **Erfolgsschlüssel Nr. 5 – Marketing:** Jetzt geht es darum, Sie und Ihre Expertise mit Ihren Angeboten bei Ihrer Ziel- und Bedarfsgruppe mit der richtigen Strategie sichtbar zu machen und natürlich gewinnbringend zu vermarkten. Hierfür nutzen wir das gesamte Spektrum der zur Verfügung stehenden Medien, Kommunikationskanäle und des Marketings.

Ihr Expertenstatus – Ihr Gewinn

Der konsequente Auf- und Ausbau des eigenen Expert Brandings und Expertenstatus fordert Engagement sowie ein zeitliches und monetäres Investment von Ihnen. Damit Sie wissen, warum Sie dies tun sollten und welche Resultate Sie damit erzielen können, habe ich für Sie die sieben wichtigsten Gründe aufgelistet, warum Sie sich heute noch für eine Experten-Positionierung entscheiden sollten.

1. **Markt-Dominanz und Marktführerschaft:** Als Experte nehmen Sie Ihren Platz an der Spitze ein. Sie dominieren den Marktplatz und gehören zu den Marktführern innerhalb Ihrer Branche.
2. **Geringer Wettbewerb und Alleinstellung im Markt:** Durch Ihre Experten-Positionierung differenzieren Sie sich klar von Ihrem Wettbewerb. Damit sorgen Sie dafür, dass Kunden Ihren Experten-USP, Ihre Alleinstellungsmerkmale, erkennen, Sie dadurch auch als Experten wahrnehmen und sich genau deswegen für Sie entscheiden.
3. **Kunden-Magnet Experte:** Mit einem Expertenstatus sagen Sie Tschüss zur Kaltakquise. Experten wirken anziehend, denn Menschen bevorzugen Spezialisten gegenüber Generalisten. Und Experten werden gerne als »Geheimtipp« von Kunden, Kollegen und anderen Spezialisten weiterempfohlen.
4. **Abschied vom Preiskampf:** In dem Moment, in dem der Kunde den Nutzen Ihrer Expertise erkennt, endet der Preiskampf. Ab diesem Zeitpunkt verkaufen Sie nicht mehr über

den Preis, sondern nur noch über den Mehrwert, den Sie bieten, und über die Resultate, die Ihre Kunden mit Ihnen und durch Sie erzielen.

5. **Etablierung im Premium- und Hochpreis-Segment:** Als Experte werden Sie nahezu automatisch im Hochpreis- und Premium-Segment angesiedelt. Sie können hier, unabhängig vom Markt oder Wettbewerb, Ihre Preisgestaltung nach dem Wert Ihrer Leistung selbst bestimmen.

6. **Lukrative Kooperationen und Partnerschaften:** Als Experte sind Sie begehrter Kooperationspartner und können so interessante und vor allem lukrative Partnerschaften eingehen.

7. **PR und Medien-Präsenz:** Als Experte sind Sie gefragter und gerngesehener Gast in den Medien. Auch über diese Kanäle – on- wie offline – können Sie Ihre Sichtbarkeit erhöhen, Ihren Expertenstatus weiter auf- und ausbauen sowie Kunden gewinnen.

8. **Status »ausgebucht«:** Das Beste kommt zum Schluss. Die Punkte 1 bis 7 sorgen dafür, dass Sie sich als führender Experte über eine exzellente Auftragslage freuen können. Denn Sie sind für bestehende wie potenzielle Kunden ein unverzichtbarer Wegbegleiter, der sie schnell und effizient zum gewünschten Ergebnis führt. Die Menschen wissen und schätzen das, empfehlen Sie gerne weiter und werden so zum begeisterten Fan Ihrer Expertenmarke.

Positionierung: das »A« von »*a*usgebucht«

»... man siehet die im Lichte, die im Dunkeln sieht man nicht.« Dieses alte Brecht-Zitat gilt mehr denn je – auch für Ihr Experten-Marketing. Nur diejenigen, die sich eine einzigartige Positionierung im Feld des Wettbewerbs erarbeiten können, stechen aus der grauen Masse hervor. Und nur wer sichtbar ist, kann Kunden für sich gewinnen.

In diesem Kapitel erfahren Sie u. a., wie

- Sie eine Positionierungs-Schieflage erkennen,
- Sie alle Scheinwerfer auf sich richten,
- Ihnen meine Positionierungs-Matrix dabei hilft.

Beziehen Sie Stellung

Die schlechte Nachricht vorweg: Wenn Sie sich positionieren, dann können Sie nicht (mehr) auf allen Hochzeiten tanzen! Sie müssen sich entscheiden für einen Markt, eine Branche, ein Marktsegment, ein Thema, eine Zielgruppe, ein Angebot und eine Botschaft. Und genau da liegt oft die Schwierigkeit, denn das Entscheiden beinhaltet nicht ohne Grund das Wort »scheiden«. Es bedeutet, dass wir Optionen loslassen müssen. Das fällt nicht immer leicht – vor allem, wenn wir Angst haben, uns falsch zu entscheiden oder für immer auf einen Weg festgenagelt zu sein.

Die gute Nachricht: Das Entscheiden geht leichter als Sie denken, und die Angst ist unbegründet, denn, wie Sie gleich noch feststellen werden, ist auch eine Positionierung ein evolutionärer Prozess.

Dies gilt insbesondere dann, wenn Sie sich als führender Experte in Ihrem Bereich etablieren möchten. Zum einen sind Experten keine Generalisten. Sie stehen für ein Thema, für das sie in ihrer Branche bekannt sind. Aufgrund ihrer Expertise und der Resultate, die sie erzielen, werden sie dadurch zu unverzichtbaren Wegbegleitern für ihre Kunden. Dies wiederum führt dazu, dass der eigene Expertenstatus stetig steigt und sie sich auch über eine hohe Empfehlungsquote freuen dürfen

Und je mehr Erfahrungen Sie sammeln, je mehr Praxis- und Sachwissen hinzukommt, umso wertvoller werden Sie als Experte und umso höher steigen Sie im Expertenrang. Dies gelingt aber nur, wenn Sie nicht versuchen, alles abzudecken, sondern sich wirklich auf Ihre Zone der Exzellenz fokussieren, in der Sie unschlagbar sind.

Weniger ist also gerade bei der Expertenpositionierung mehr und ein essenzieller Erfolgsquotient für Sie.

Achtung: Positionierungs-Schieflage!

Bevor wir intensiv in das Thema Positionierung einsteigen, möchte ich Ihnen noch die wichtigsten Indikatoren vorstellen, die Ihnen zeigen, dass Ihre Expertenpositionierung in Schieflage geraten ist.

Indikator Nr. 1: Mangelnde Klarheit

Sie wissen selbst nicht so genau, wofür Sie als Experte eigentlich stehen. Ihre potenziellen Kunden wissen es auch nicht. Es gibt keine klare und zentrale Botschaft und es fehlt an einem entsprechenden Angebot.

Das irritiert und verwirrt potenzielle Kunden und sorgt dafür, dass diese ausbleiben oder sich auf anderen Kanälen nach Hilfe umschauen, da sie nicht verstehen, was sie genau bei Ihnen bekommen.

Menschen lieben Klarheit! Besonders in Zeiten der digitalen Überforderung gewinnt das Unternehmen, der Experte, der mit einer klaren emotionalen Botschaft und einem eindeutigen Angebot, ausgerichtet auf die wichtigsten Bedürfnisse und Wünsche der Kunden, die er erreichen möchte, auf den Markt geht.

> Formulieren Sie Ihre Botschaften einfach, klar und simpel auf den Punkt, dann klappt es auch mit dem Elevator Pitch.

Indikator Nr. 2: Diffuse Vorstellung zu Markt und Zielgruppe

Es fällt Ihnen schwer, sich für einen Markt zu entscheiden sowie eine klare Zielgruppe für sich festzulegen. So kann es sein, dass Sie z. B. in der »Das brauchen alle«-Falle gefangen sind oder sich nicht festlegen wollen oder können, weil es Ihnen auch hier an Klarheit fehlt, mit wem Sie überhaupt arbeiten möchten, oder weil Sie Angst haben, durch eine Fokussierung Aufträge oder Kunden zu verlieren.

Indikator Nr. 3: Generalist statt Spezialist

Sie haben sich einen Bauchladen zugelegt und sind durch Ihr unternehmerisches Hüftgold in der Generalisten-Falle gefangen. Sie wollen mit Ihren Angeboten auf allen Hochzeiten tanzen. Alle bekommen alles bei Ihnen. Ein klares Anzeichen für eine fehlende Positionierung und definitiv nicht der Weg in die Expertenliga oder der Schlüssel für mehr Geschäft und Umsatz.

Indikator Nr. 4: Erfolglose Marketing-Aktionen

Ihre Marketing-Aktionen zeigen keine Wirkung. Sie investieren viel Zeit und Geld in diese, aber Sie erzielen nicht die gewünschten Resultate, weder bei der Leadgewinnung, Ihren

Facebook-Ads oder bei Ihrer Kundengewinnung. Hier spiegelt sich der typische Fehler, dass sich die meisten Unternehmer als Erstes auf das Thema Marketing stürzen, statt ihre Positionierung zu überprüfen oder diese zu klären, um Kundenanzahl und Umsatz zu steigern.

> Wenn die Positionierung nicht stimmt, sind alle weiteren Maßnahmen zum Scheitern verurteilt.

Indikator Nr. 5: Zu wenig Kunden & Umsatz

Der stärkste Indikator kommt zum Schluss. Wenn Ihre Zahlen nicht stimmen, dann stimmt auch etwas mit Ihrer Positionierung nicht. Ob nun falscher Markt, falsche Zielgruppe, falsches Angebot oder alles auf einmal – es muss dringend eine ausführliche Positionierungs- und Marktanalyse her, um die entsprechenden Kurskorrekturen durchführen zu können.

Was Positionierung wirklich bedeutet

Platz finden

Wenn wir den Blick einmal weg von mehr Kunden, Umsatz und Erfolg lenken und eine Etage tiefer blicken, dann hat das Thema Positionierung etwas sehr Existenzielles. Denn letztlich geht es dabei darum, seinen Platz nicht nur in einem Marktplatz, sondern auch im Leben zu finden. Und ich glaube, dass dies oft dazu beiträgt, dass dieses Thema auch als schwierig erachtet wird. Muss es aber nicht, wenn wir uns die dafür nötige Zeit nehmen und einen ernsten Blick hinter die persönlichen Kulissen werfen.

Platz einnehmen

Wenn wir dann unseren Platz gefunden haben, geht es darum, diesen auch einzunehmen, egal wer hier bereits auf dem Spielfeld aufgestellt ist. Schüchtern oder zögerlich an der Linie des Spielfeldes stehenzubleiben, ist die falsche Strategie. Die Devise lautet hier: Rauf auf das Spielfeld, mutig den eigenen Claim abstecken und es die Welt wissen lassen, dass man ein ernstzunehmender Mitspieler ist.

Platz füllen

Dazu gehört auch der letzte Schritt, der da lautet, den eigenen Platz zu füllen, und zwar sowohl mit seiner gesamten Persönlichkeit als auch mit seiner Expertise und dem wertvollen Erfahrungsschatz. Dehnen Sie sich nach allen Richtungen aus und werden Sie einfach unübersehbar.

Die drei Phasen einer Expertenpositionierung

Wie bereits erwähnt, ist eine Positionierung nicht in Stein gemeißelt. Im Gegenteil: Sie muss heute flexibel wie ein Bambus sein. Change, also Veränderung, ist heute das neue »Normal«, denn unsere Welt befindet sich in einem permanenten Veränderungsprozess mit hoher Taktung. Neue Märkte, Technologien und Innovationen entstehen in Rekordzeit. Das verlangt auch von uns, ob internationaler Konzern oder Solopreneur, dass wir uns diesem Wandel permanent anpassen müssen. Hier hilft es also nicht, sich an ein »Das haben wir aber immer schon so gemacht« zu klammern. Auch die Vorstellung »Das geht von alleine wieder weg« bringt Ihnen nichts. Es geht nämlich nicht von alleine weg. Was hilft, ist Folgendes: Leben Sie diesen permanenten Wandel selbst, handeln Sie vorausschauend und stellen Sie das eigene Tun und die eigene Positionierung immer wieder infrage. Eine »Out of the box«-Attitüde, Design und Disruptive Thinking sind Ansätze, die Sie hierbei unterstützen können. Das alles heißt also, dass Sie Ihre eigene Expertenpositionierung immer wieder auf den Prüfstand stellen müssen. Positionierungsarbeit ist ein lebenslanger evolutionärer Prozess, der auch mit Ihrer eigenen persönlichen Entwicklung als Mensch und Unternehmer einhergeht.

In meiner Arbeit begegnen mir die folgenden drei Positionierungsphasen am häufigsten.

Phase Nr. 1: Positionierung bei Unternehmensgründung

Sie haben eine Business-Idee, für die Sie einen Markt und eine Zielgruppe identifiziert und das entsprechende Angebot geschnürt oder Produkt entwickelt und einen Businessplan aufgestellt haben.

Jetzt geht es darum, diese Idee und Ihren Businessplan in die Tat umzusetzen und den eigenen Platz am Markt nicht nur zu finden, sondern einzunehmen und sich im Feld der Mitspieler eindeutig zu positionieren

Was in dieser Positionierungsphase anfangs fehlt, sind die Praxis und der Erfahrungsschatz aus der Praxis und in der Zusammenarbeit sowie im Umgang mit Kunden. Die Gründung eines Unternehmens und der Start in die Selbstständigkeit sind somit erst einmal Neuland. Hier muss es sowohl Platz für Wachstum als auch Raum für Trial and Error geben.

Deswegen haben bei mir Gründer und Start-ups zunächst einen Positionierungs-Welpenschutz. Das Ziel in dieser Phase ist es also nicht, die Positionierung so spitz und scharf zu machen wie möglich, sondern einen Spielraum für das Sammeln von Erfahrungen und das Ausloten der eigenen Kernkompetenzen zu schaffen. Nur durch gelebte Erfahrung und Praxis können Sie erkennen, worin Sie nicht nur gut, sondern exzellent sind. Und genau darum geht es ja bei der Expertenpositionierung. Ebenso wichtig ist es, dass Sie für sich erkennen, wofür Ihr Herz wirklich schlägt. Das beweist sich aber ebenfalls erst, wenn zur Business-Idee und zu den Businessplänen gelebte Praxis hinzukommt. Gelebte Erfahrung ist unbezahlbar!

Also geben Sie sich in dieser Phase Zeit und den Spielraum, den Sie brauchen. Stellen Sie sich ruhig breiter auf am Anfang und justieren Sie Ihre Positionierung immer wieder anhand Ihrer Praxiserfahrungen.

Phase Nr. 2: Positionierung bei Unternehmensentwicklung

Sie sind bereits drei bis fünf Jahre am Markt. Ihr Unternehmen hat sich weiterentwickelt und Sie haben ausreichend Erfahrungen gesammelt, und zwar sowohl zu Ihrer Positionierung am

Markt im Umfeld Ihres Wettbewerbs als auch in der Zusammenarbeit mit Ihren Kunden. Die Kunden- und Umsatzzahlen haben sich entsprechend entwickelt. Allerdings lassen sich diese seit einiger Zeit nicht mehr steigern oder sind sogar leicht rückläufig. Es ist ein starker neuer Mitbewerber in den Markt gedrängt, der aggressiv in Ihrem Territorium auf Kundenjagd geht. Ihre Reichweite und Sichtbarkeit am Markt haben nachgelassen. Neue Technologien wandeln gerade Ihren Markt oder das Bedürfnis Ihrer Kunden hat sich verändert bzw. ist gerade dabei sich zu verändern.

All dies sind Indikatoren dafür, dass es Zeit wird, die eigene Positionierung genau unter die Lupe zu nehmen und zu schärfen. Wenn wir nicht kontinuierlich und regelmäßig an unserer Positionierung arbeiten, kann diese schnell verwässern oder schwammig werden. Oder sie hinkt einfach irgendwann neuen Gegebenheiten und Marktentwicklungen hinterher.

Damit Sie in dieser Phase nicht vom Markt verdrängt werden oder im Konkurrenzdruck untergehen, braucht es einen gründlichen Positionierungs-Check. Basierend auf dessen Ergebnissen muss hier Ihre Experten-Positionierung geschärft und herausgearbeitet werden, um dann darauf aufbauend neue Angebote, Geschäftsmodelle sowie Expertenmarketing-Strategien entwickeln zu können, die die gewünschte Ernte bringen.

Phase Nr. 3: Neupositionierung

Sie sind mit Ihrem Unternehmen mindestens fünf oder mehr Jahre auf dem Markt. Die Notwendigkeit einer Neupositionierung kann sich hier durch die folgenden Situationen ergeben.

1. Der Druck kommt von außen durch einen Markt, der sich stark gewandelt hat und damit völlig neue Kundenbedürfnisse definiert bzw. bisherige Geschäftsmodelle oder Kundengruppen auflöst.
2. Der Druck, sich neu zu erfinden, kommt von innen. Das ist immer dann der Fall, wenn Sie sich als Person und Unternehmer selbst so verändert haben, dass es aus dieser Entwicklung heraus Zeit wird, neue Wege zu gehen. Sie merken, dass Ihre Arbeit, so wie sie aktuell ist, Sie nicht mehr glücklich macht oder zufriedenstellt. Sie sind vielleicht Ihrer aktuellen Kundengruppe entwachsen. Sie haben alles erreicht mit Ihrem Unternehmen, in Ihrer Position und wollen jetzt nochmals etwas Neues starten, andere Herausforderungen meistern und einen neuen Lebensabschnitt beginnen. Alle Zeichen stehen auf Neubeginn.
3. Es haben sich sowohl äußerliche wie innerliche Wachstumsprozesse ergeben, die nach einem Neustart, nach einer Repositionierung verlangen. Sie spüren bzw. der Markt oder Ihre Kunden spiegeln Ihnen deutlich, dass es Zeit wird für einen Auf- und Umbruch.

Innere Klarheit für einen starken Außenauftritt

Sie möchten langfristig erfolgreich am Markt bestehen? Dann sollten Sie immer daran denken: Positionierung wird immer von innen nach außen gelebt. Um als Experte und mit Ihrem Unternehmen Ihren Platz zu finden, zu justieren, einzunehmen und mit Ihrer Persönlichkeit und Expertise zu füllen, müssen Sie daher als Erstes für sich klären, in welcher Phase des Positionierungsprozesses Sie sich gerade befinden: Geht es darum, generell Ihre Positionierung am Markt für sich zu definieren, Ihre Positionierung nach den ersten Jahren am Markt zu schärfen und den Sprung in die Expertenliga zu schaffen oder sich als Expertenmarke neu zu erfinden?

Der erste Schritt, den Sie nun gehen sollten, heißt Standortbestimmung. Machen Sie eine ehrliche Bestandsaufnahme Ihrer aktuellen Situation und werden Sie sich darüber klar, wo Sie persönlich und wo Ihr Unternehmen aktuell im Prozess stehen. Werden Sie sich darüber klar, wohin Sie möchten. Hier einige Impuls-Fragen für Ihre Analyse.

Fragen für Ihre Analyse

Was möchten Sie für sich und für Ihr Unternehmen kurz-, mittel- und langfristig erreichen?

Was soll bleiben, was soll kommen und was darf gehen?

Was hat sich nicht bewährt?

Was blockiert Sie und hält Sie auf?

Wofür möchten Sie als Experte stehen?

Wofür möchten Sie bekannt sein?

Fragen für Ihre Analyse

Was sollen Kunden über Sie sagen, wenn Sie den Raum verlassen?

Was möchten Sie einmal hinterlassen?

Was müssen Sie tun und ändern, um das gewünschte Ergebnis zu erreichen?

Scheuen Sie sich nicht, neutrale und wertschätzende Unterstützung von außen zu holen, um innere Klarheit zu gewinnen. Positionierungsarbeit ist oft ein sehr intensiver Prozess. Mit externer Hilfe kommt man in der Regel schneller voran, weil andere uns Themen vor Augen führen können, für die wir selbst oft blind sind.

> Positionierung wird immer von innen nach außen gelebt.

Die Expert Branding Positionierungs-Matrix

Wenn wir an unserer Expertenpositionierung arbeiten, müssen wir nicht nur strategisch vorgehen, sondern unsere Positionierung im Spannungsfeld der drei Basisebenen Experte – Kunde – Markt betrachten und erarbeiten. Ich habe dafür die Expert Branding Positionierungs-Matrix »Ich – Du – Wir« entwickelt. Sie weist Ihnen als eine Art Kompass den Weg zum Top-Experten und ist Ihr Sprungbrett in die Expertenliga. Je tiefer Sie hier einsteigen, umso klarer und schärfer wird Ihr Expertenprofil. Je mehr Energie und Zeit Sie in die Erarbeitung Ihrer Expertenpositionierung investieren, umso größer werden letztlich Ihr persönlicher wie unternehmerischer Gewinn und Erfolg sein. Nachfolgend nun im Detail die drei Säulen der Expert Branding (EB) Positionierungs-Matrix.

Das »Ich« der EB Positionierungs-Matrix

In der ersten Stufe geht es um das »Ich«, das für Sie als Mensch, Unternehmer und Experte steht. Alles dreht sich hier um Sie und Ihre Persönlichkeit, mit dem Ziel, ein authentisches Expertenprofil zu erarbeiten. In dieser Phase geben wir Ihrem Unternehmen Ihr Gesicht und definieren, wie Sie von innen nach außen wirken und was Sie zeigen und leben möchten.

Profil zeigen – Persönlichkeit leben

Wenn wir unserem Unternehmen unser Gesicht geben, ist es wichtig, dass wir keine bis zur Unkenntlichkeit geschönte Fassade unserer Selbst präsentieren, sondern uns zeigen, wie und wer wir sind. Echt und authentisch, auch mal mit Schwächen, verletzlich und offen für einen Blick anderer hinter unsere Kulissen. Menschen lieben das, denn so entstehen Identifikation, Glaubwürdigkeit und Verbundenheit.

Sie wissen ja, letztlich geht es darum, als Experte und Mensch erlebbar, nahbar, sichtbar und spürbar zu werden. Die Devise lautet: Nah dran am Menschen, statt unerreichbar auf einem Sockel. Und hier haben wir Experten einen klaren Vorteil gegenüber den großen anonymen Konzernen.

Tschüss Markenloyalität!

Die Unternehmer und Unternehmen, die heute und künftig gewinnen, sind diejenigen, die es schaffen, eine echte Verbindung zu ihren potenziellen wie bestehenden Kunden herzustellen und sie so zu begeisterten Markenbotschaftern und Empfehlungsgebern zu machen.

Denn nicht nur die klassischen Werbeformen werden aussterben, sondern auch die Markenloyalität. Vorbei sind die Zeiten, in denen die Loyalität zu einer Marke quasi von Generation zu Generation weitervererbt wurde.

Marketing und Werbung haben in den letzten 100 Jahren immer wieder große Umbrüche erlebt. Mit jedem Umbruch ist mehr Macht in die Hände der Konsumenten gelangt.

Mark Schaefer, ein international führender Marketing-Experte, spricht hier von einer regelrechten Rebellion. Er unterteilt diese in drei Stufen: Lügen, Geheimnisse und Kontrolle.

Als vor über 100 Jahren die ersten Werbekampagnen starteten, wurde der Konsument schlichtweg belogen. Je stärker der Konkurrenzdruck war, desto größer gerieten die Lügen. So wurden aus den Produkten Allheil-Wundermittel, bis ein mutiger Journalist des Colliers Weekly Magazines das ganze publik machte. Dies führte gemeinsam mit dem Aufschrei der betrogenen Konsumenten zu den ersten Werberichtlinien. Allerdings wurden diese nach dem ersten Weltkrieg durch neue Stilblüten und

Methoden der Werbeagenturen wieder umgangen, bis später ein weiteres verschärftes Gesetz zugunsten der Konsumenten in Kraft trat.

Die zweite Rebellion wurde durch das Internet eingeläutet. Das World Wide Web bedeutete das Ende der Geheimnisse, denn auf einmal waren alle Informationen, die früher gut gehütet im stillen Kämmerlein der Unternehmen lagerten, für jeden verfügbar. Was aus meiner Sicht eine noch größere Rolle spielte: Kunden konnten auf einmal anderen direkt über ihre Erfahrungen berichten, und zwar nicht nur dem Freundes- oder Kollegenkreis, sondern der ganzen Welt. Und die Menschen machten davon Gebrauch, wie z. B. McDonalds mit #McFail oder der Nestlé-Konzern mit seinem Watergate auf Twitter schmerzlich erleben musste.

Und jetzt in der dritten Stufe der Rebellion geht es ans Eingemachte, denn Ihr potenzieller Kunde entzieht sich gänzlich Ihrem Zugriff und Ihrer Kontrolle, indem er für sich werbefreie Plattformen nutzt, wie z. B. Netflix, Amazon Prime, iTunes, Spotify, oder Podcasts statt Radio hört und mit AdBlockern Ihre Anzeigen ins Leere laufen lässt. Und selbst wenn Sie einen Konsumenten finden, der all dies nicht nutzt, sieht es nicht besser aus für Sie als werbetreibendes Unternehmen, denn 80 % der Konsumenten glauben und vertrauen diesen Werbebotschaften nicht. Ups ... Und was nun?

1. Hören Sie auf, Interessenten und potenzielle Kunden mit Ihrer Werbung zu nerven. Das gilt aktuell besonders auch für

personalisierte Werbung, die Kunden im Web regelrecht stalked. Wie das Branchenmagazin *Werben & Verkaufen* schreibt, haben 75 % der Deutschen laut dem Reality Report von Ocury die Online-Verfolgungsjagd durch personalisierte Werbung satt.

2. Der ehrbare Kaufmann spricht selbst, wie Claus Hipp so schön sagt. Die Ära der sichtbaren und ehrbaren Experten ist gekommen. Zeigen Sie auf neuen smarten Wegen Präsenz, die gepaart ist mit Transparenz, Ehrlichkeit und Menschlichkeit. Nur wenn es Ihnen gelingt, von Mensch zu Mensch zu kommunizieren und eine ehrliche Verbindung aufzubauen, die auf Vertrauen und Werten basiert, werden Sie künftig am Markt erfolgreich bestehen. Nur dann werden Kunden Sie weiterempfehlen, über Sie sprechen und Ihre Geschichte teilen.

Genau dabei unterstützt Sie meine Expert Branding Matrix. Sie sichert Ihnen Ihren Platz in der Expertenliga durch den Aufbau eines so weitreichenden wie wirkungsvollen Expertenstatus – übrigens Ihr bester Social Proof gegenüber potenziellen und bestehenden Kunden.

> Denken Sie immer daran: Marke ist das, was man über Sie sagt, wenn Sie den Raum verlassen. Dieses Zitat des Amazon-Gründers Jeff Bezos bringt es auf den Punkt. Was sollen Ihre Kunden über Sie sagen, wenn Sie den Raum verlassen? Und was müssen Sie dafür tun?

Zutaten für eine starke Experten-Persönlichkeit

Eine Experten-Persönlichkeit verstellt sich nicht, sie hält nichts zurück und sie zeigt sich so, wie sie wirklich ist. Sie ist kongruent in Gedanken, Worten und Taten. Sie handelt so, wie sie spricht und denkt, und verfügt über eine hohe fachliche Kompetenz sowie Exzellenz in der Ausführung und Umsetzung.

Authentizität, Kongruenz, fachliche Kompetenz sowie Exzellenz führen zu Vertrauen und Glaubwürdigkeit. Sie bilden das Fundament eines jeden Expertenstatus und dementsprechend des Erfolgs. Darüber hinaus zeichnen eine Experten-Persönlichkeit die folgenden Eigenschaften aus.

Bye bye People-Pleaser

Experten erkennt man daran, dass sie nicht nur eine Haltung haben, sondern auch ihren eigenen Standpunkt vertreten – und zwar ungeachtet der Meinung anderer oder was andere über sie denken könnten. Sie scheuen den Gegenwind nicht und gehören nicht zu den »People-Pleasern«.

Kante und Profil zeigen

Experten reden anderen nicht nach dem Mund, sondern Klartext. Wir zeigen ein scharfes, nicht verschwommenes Profil unseres Selbst. Wir schlagen uns nicht auf eine Seite, weil es dort für uns gemütlicher ist, sondern bleiben bei unserem Standpunkt und uns selbst treu, selbst wenn wir dafür unsere Komfortzone verlassen müssen oder auch einmal allein mit unserer

Meinung stehen. Expert Brands und Influencer wie Richard Branson oder Elon Musk sind dafür perfekte Beispiele.

> Denken Sie daran: Nur Nullen haben keine Ecken und Kanten.

Polarisieren und provozieren

Haben Sie den Mut, zu polarisieren und auch einmal zu provozieren, wo es sich anbietet. Menschen, die große Erfolge feiern, polarisieren immer. Da gibt es kein Grau, sondern nur Schwarz-Weiß. Entweder man mag sie – oder eben nicht. Ich nenne das auch gerne den Trump-Effekt, denn seine Vorliebe dafür, zu polarisieren und andere zu provozieren, haben ganz klar einen Teil seines Wahlsiegs bestimmt gegenüber einer eher farb- und emotionslosen Hillary Clinton.

Seien Sie unbequem, rütteln Sie die Menschen durch ein mutiges Statement oder eine Handlung auf, denn Everybody's Darling kam noch niemals an die Spitze. Aber Sie müssen natürlich auch liefern. Ohne Substanz nur heiße Luft aufzuwirbeln, bringt Sie schnell zum Scheitern – vielleicht der Trump-Effekt Nr. 2.

Original statt Kopie

Ein Experte ist immer ein Original und niemals eine Kopie. Heißt Ihre Kreativität, Expertise und Ihr gelebter Erfahrungsschatz sind die Triebfeder für die Entwicklung neuer Methoden, Ansätze und Produkte, mit denen Sie neue Lösungen schaffen und Perspektiven öffnen und sich zu einem unkopierbaren Unikat machen.

Raus aus dem Mittelmaß – rein in die Exzellenz

Runter vom ausgetretenen Trampelpfad und rein in unbekanntes Terrain! Zeigen Sie den Menschen andere, bisher unbekannte Wege, neue Perspektiven und denken Sie Ihr eigenes Tun, Ihre eigene Methode und Vorgehen immer wieder neu. Nur so geht es raus aus dem Mittelmaß und rein in die Exzellenz, wofür Sie als Experte stehen.

Die vier Schlüssel für Ihr Expertenprofil

Expertise entsteht nicht allein nur durch unsere schulische und berufliche Ausbildung, sondern sie setzt sich aus Lebenserfahrung, Praxiswissen, persönlichem Werdegang, menschlichen Begegnungen sowie Ihrer Lebensgeschichte zusammen. All dies hat Einfluss auf Ihre Experten-Persönlichkeit sowie letztlich auch auf Ihre Positionierung.

Eine erfolgreiche Expertenpositionierung berücksichtigt vier Schlüsselelemente, die wir uns in den folgenden Abschnitten im Detail ansehen. Ich nenne dieses Stadium in der Beratung auch gerne die »Nabelschau«, da es hier sehr persönlich wird. Gleichzeitig ist dieses Stadium für Ihr Expertenprofil essenziell. Daher sollten Sie sich dafür auch ausreichend Zeit nehmen.

What's your Story? Ihre persönliche Geschichte

Ihr persönlicher Werdegang, Ihre Geschichte haben Sie zu der Person gemacht, die Sie heute sind, und Ihr Tun maßgeblich geprägt und beeinflusst. Dementsprechend ist es wichtig, sich

Ihren Lebensweg genauer anzusehen und dabei zu prüfen, ob es vor allem persönliche Erfahrungen und Lebensereignisse waren, die Ihre Berufswahl sowie Ihre Expertise geprägt haben.

Lenken Sie Ihren Blick besonders auf die schwierigen Zeiten. Sie sind wichtig, denn sie haben den stärksten und prägendsten Einfluss auf uns. Es lohnt sich also, hier genau hinzusehen und zu hinterfragen, ob Ihre Expertise aus diesen Zeiten heraus entstanden ist.

BEISPIEL: AM EIGENEN LEIB ERLEBT

Einer meiner Kunden hat erfolgreich einen schweren Burn-out gemeistert und daraufhin radikal sein Leben verändert. Heute begleitet er als Coach Führungskräfte, die sich in einer ähnlichen Situation befinden wie er damals. Er hilft ihnen, diese schwierige Lebensphase ebenfalls erfolgreich zu meistern. Besonders seine selbst durchlebten Erfahrungen machen ihn heute zu einem unendlich wertvollen Begleiter für Menschen in einer ähnlichen Situation und schenken ihm für seinen eigenen Expertenstatus eine extrem hohe Glaubwürdigkeit.

Fragen Sie sich also, wer oder was Sie besonders geprägt hat auf Ihrem Weg. Welche Familienmitglieder, Freunde, Vorbilder oder Mentoren haben Sie inspiriert und gefördert bzw. tun dies heute noch? Welche Stationen in Ihrem Leben waren ganz besonders wichtig für Sie?

Klären Sie dabei auch Ihre persönlichen Bedürfnisse und Vorlieben. Was ist Ihnen wirklich wichtig? Was lehnen Sie ab und was sollte sich auf keinen Fall mehr in Ihrem Leben wiederholen? Können Sie einen roten Faden erkennen, der sich durch Ihr Leben zieht und auch Ihr Tun bis heute prägt?

Diese Erkenntnisse sind wertvoll und bergen oft wirkliche Schätze für Ihr Profil und z.B. auch für die Infos auf Ihrer »Über mich«-Seite Ihrer Homepage. Selbstverständlich entscheiden Sie, wie viel Sie davon nach außen teilen möchten. Es geht auch nicht darum, alles öffentlich zu machen und zu einem gläsernen Menschen zu werden. Wenn Sie aber einen Lebensweg haben, der Ihre Karriere so beeinflusst und geprägt hat wie der eben geschilderte Fall meines Kunden, dann untermauert diese Selbsterfahrung Ihre Expertise und stärkt Ihre Glaubwürdigkeit.

Scheuen Sie sich nicht, mit anderen auch Ihre schwierigen Zeiten zu teilen – das macht Sie nur menschlich. Menschen, die gerade selbst durch eine ähnlich schwierige Phasen gehen müssen, schöpfen dadurch oft erst recht Mut für die nächste Etappe.

Ihre Werte als Basis für Ihren Erfolg

Werte sind die Basis unseres Lebens und Handelns. Anders als Bedürfnisse sind unsere Werte sehr beständig. Sie verändern sich in der Regel nur sehr, sehr selten. Je bewusster Ihnen diese Werte sind, umso besser ist es, denn sie prägen natürlich auch Ihr tägliches Tun. Und je klarer Sie Ihre Werte kommunizieren, umso stärker ziehen Sie Menschen mit einer ähnlichen Wertestruktur an, was für eine erfolgreiche und gute Kundenbeziehung sorgt.

Machen Sie sich also Ihre drei bis fünf wichtigsten Werte bewusst und kommunizieren Sie diese auf Ihrer Webseite, in Ihren Texten, bei Ihrem Experten-Profil oder in Ihrer Unternehmensphilosophie. Transportieren Sie sie auch, wenn möglich, durch die Gestaltung der Medien, also beispielsweise durch Farben und Design.

Ihre Expertise

Ihre Fachkompetenz und Expertise stammen natürlich nicht nur aus Ihrer Schul-, Ausbildungs- und Studienzeit. Berufserfahrungen aus Praktika oder Nebenjobs aus der Studentenzeit gehören genauso dazu wie Hobbys oder von Ihnen ausgeübte Sportarten. Vielleicht haben Sie eine Zeitlang in der Gastronomie gejobbt und so entdeckt, dass Ihnen der direkte Austausch und Umgang mit Menschen bei Ihrer Arbeit wichtig sind.

Machen Sie sich eine Milestone-Liste beginnend mit Ihrer Schulausbildung. Halten Sie jede wichtige Station bis heute fest. Dazu gehören auch alle Ihre Fach- und Fortbildungen, selbst jene, die auf den ersten Blick nichts mit Ihrer eigentlichen Tätigkeit zu tun haben. Fachliteratur, die Sie für Ihre Weiterbildung regelmäßig lesen, sollten Sie ebenfalls berücksichtigen. Vergessen Sie auch nicht wichtige Praxiserfahrungen aus der Arbeit mit Ihren Kunden und Projekten sowie Ihre Abschlüsse, Diplome und Zertifikate, die Sie im Laufe der Zeit erworben haben.

Motivation – Ihr persönliches Warum

Zu guter Letzt ist es wichtig zu ergründen und zu erkennen, warum Sie tun, was Sie tun. Was motiviert Sie? Was treibt Sie an, täglich Ihr Bestes zu geben? Dieses »Warum« hinter unserem Tun ist nicht nur ein starker Motor, sondern auch ein wichtiges Verbindungselement zu Ihren Kunden. Wenn diese Ihr Warum kennen und verstehen, werden sie zu loyalen Kunden. So sieht es auch der Unternehmensberater und Erfolgsautor Simon Sinek: Menschen kaufen nicht, »was wir tun, sondern warum wir etwas tun« (Start with Why: How Great Leaders Inspire Everyone to Take Action, London 2009). Die Warum-Frage spielt auch in seinem Golden-Circle-Modell die Hauptrolle, mit dem er den Erfolg einer Marke wie beispielsweise Apple nachvollziehbar aufschlüsselt (sehenswert sein TED-Talk via www.ted.com, Stichwort: Simon Sinek).

> Ergründen Sie Ihr persönliches Warum und kommunizieren Sie dieses klar an Ihre Zielgruppe.

In meinem Buch »Digital Expert Branding« finden Sie zu diesem wichtigen Kapitel weiterführende Informationen sowie Checklisten, Videos und einen Wertekompass. Diese können Sie direkt aus dem Buch via der kostenfreien Haufe smARt-App auf Ihr Smartphone laden.

Wofür stehen Sie mit Ihrem Namen?

Sollten wir uns demnächst einmal persönlich begegnen, dann wünsche ich mir eine Antwort von Ihnen auf die Frage: »Wofür stehen Sie mit Ihrem Namen?« Damit Ihnen die Antwort leichter fällt, habe ich hier für Sie eine kleine Übung: Zerlegen Sie Ihren Nachnamen in Buchstaben und finden Sie für jeden davon ein Merkmal, das mit dem jeweiligen Buchstaben beginnt.

Einzige Bedingung: Das Merkmal muss zu Ihnen und Ihrer Persönlichkeit passen. Ein Beispiel mit meinem Namen:

Buchstabe steht für folgenden Begriff:	Warum der Begriff zu mir passt:
F okus	Ich helfe meinen Kunden dabei, sich mit ihrer Positionierung auf den Markt, die Nische mit der größten Hebelwirkung zu fokussieren.
U nique	Gemeinsam mit meinen Kunden finde ich heraus, was sie einzigartig und unverwechselbar macht.
C hancen	Ich halte immer neue Chancen, Möglichkeiten und Perspektiven für meine Kunden bereit.
H andeln	Handeln ist mir ganz besonders wichtig, denn wenn wir nicht in die Handlung, in die Umsetzung kommen, hilft die beste Positionierungs- und Marketingstrategie nichts.
S mart	Gemeinsam finden wir smarte – statt harte – Wege zum Erfolg.

Das »Du« der EB Positionierungs-Matrix

Kennen Sie Ihre Kunden besser als sich selbst? Nein? Dann sollten Sie dies ab jetzt für sich zur zentralen Aufgabe machen. Nur wenn Sie Ihre Kunden wirklich begreifen und verstehen, wo deren Probleme, Herausforderungen und Hindernisse liegen, werden Sie in der Lage sein, mit Ihrer Expertise Lösungen anzubieten, die diese wirklich brauchen und wollen. Und nur so werden Sie langfristig zum unverzichtbaren Wegbegleiter und Experten für Ihre bestehenden wie potenziellen Kunden.

Was wir im Umgang mit Interessenten und Zielgruppen oft aus den Augen verlieren ist, dass diese in erster Linie, wie wir selbst, Menschen sind und erst in zweiter Linie potenzielle Kunden und Käufer unserer Dienstleistungen, Produkte und Services.

Begriffe wie Zielgruppe, Kunde oder Lead distanzieren uns vom Menschen, der hinter all diesen Begriffen steckt. Das ist gefährlich, denn so verlieren wir den Bezug zum eigentlichen Thema, nämlich die bestmögliche Lösung für das vorhandene Problem des Kunden oder die bestmögliche Erfüllung für seine Wünsche und Bedürfnisse zu bieten.

Statt also beispielsweise über die Kosten und Einnahmen pro Lead (Kontakt) zu brüten, sollten wir uns als Erstes darüber Gedanken machen, was wir bereit sind pro Kontakt zu investieren – Invest per Lead. Dabei meine ich nicht nur monetäre Investments, sondern vor allem Zeit und echtes Interesse.

Wann haben Sie das letzte Mal mit einem Ihrer Kunden gesprochen, und zwar persönlich und live? Es gibt keine bessere Methode, um herauszufinden, was Ihre Kunden wirklich brauchen oder wollen. Nehmen Sie sich also regelmäßig, etwa einmal im Monat, die Zeit für ein persönliches Gespräch mit zwei bis drei Kunden. Fragen Sie konkret nach, was diese an Ihrem Produkt oder Ihrer Dienstleistung schätzen. Haken Sie nach, was Ihre Kunden vermissen und was Sie noch besser machen können. Die Antworten, die Sie in solchen Gesprächen erhalten, sind mehr als wertvoll. Oft entstehen daraus gewinnbringende Produktweiterentwicklungen oder Angebotserweiterungen, auf die Sie ohne dieses Feedback nicht so schnell gekommen wären.

Auch Umfragen mit Tools wie Survey Monkey oder Google Forms lassen sich ganz einfach in den Unternehmensalltag integrieren und sollten regelmäßig durchgeführt werden.

Wichtige Perspektivenwechsel für Ihre Kundengewinnung

In den letzten 15 Jahren gab es, eingeleitet durch Social Media, drei große Perspektivenwechsel in der Kommunikation und im Umgang mit Kunden, die Sie unbedingt verinnerlichen sollten.

Perspektivenwechsel Nr. 1: Customer First

Erinnern Sie sich noch an die Sparkassen-Werbung, in der ein Mann dem anderen überheblich und vor Stolz trotzend Fotos hinblättert mit den Worten: »Mein Haus – mein Auto – mein Boot …«? Genauso verhalten sich bis heute viele Unternehmen, ob groß, ob klein, in der Kommunikation mit Kunden. Wir sind die Besten, die Größten, die Erfolgreichsten! Wenn man die Texte auf der Webseite liest oder die gedruckten Werbemittel durchblättert, ist der Fokus allein auf das Unternehmen und seine Angebote gerichtet. Da wimmelt es von Wir-Botschaften, statt sich ganz auf den Kunden und seine Probleme, Bedürfnisse und Wünsche zu konzentrieren. Diese Art der Kommunikation hat ausgedient und sollte heute vermieden werden.

> Ich kann es gar nicht genug betonen: Menschen kaufen keine Produkte oder Dienstleistungen – Menschen kaufen immer eine Lösung.

Stellen Sie also ab sofort in der Kommunikation und im Marketing den Kunden als Menschen mit all seinen Problemen, Bedürfnissen und Wünschen in den Mittelpunkt. Fangen Sie an, in Mehrwert und Nutzen für Ihre Kunden zu denken, zu sprechen und zu handeln. Im Marketing bezeichnen wir dies als Customer Centricity, also kundenorientiertes Marketing.

Perspektivenwechsel Nr. 2: Emotionen statt Zahlen – Daten – Fakten

Wir müssen unsere Kunden in erster Linie emotional berühren und erreichen, statt sie mit Zahlen – Daten – Fakten zu erschlagen.

Wenn wir in unserer Kommunikation auf ihre Probleme, Hürden und Hindernisse sowie auf Ihre Wünsche eingehen, dann signalisieren wir ihnen dadurch vor allem auch eines: »Lieber Kunde, ich sehe, höre und verstehe dich und ich will dir nicht einfach nur eine vorgefertigte Lösung überstülpen, um damit für mich den größtmöglichen Profit zu erwirtschaften.« Fühlen Sie sich also in Ihre Kunden hinein und geben Sie ihnen das Gefühl, dass Sie sie verstehen. Zeigen Sie ihnen dann, dass Sie die beste Lösung für sie sind.

Eines der wirkungsvollsten Kommunikationsinstrumente, das Sie hier einsetzen können, ist Storytelling. Machen Sie Ihren

Kunden zum Helden in Ihrer Geschichte und führen Sie ihn als verlässlicher Weggefährte zum Ziel.

Perspektivenwechsel Nr. 3: Von der Ziel- zur Bedarfsgruppe

Sobald wir auf einem Markt Fuß fassen wollen, setzen wir uns automatisch auch mit einer oder mehreren Zielgruppen auseinander, für die wir tätig sein möchten und für die wir unsere Dienstleistungen, Produkte und Angebote entwickeln. Allerdings sollten wir uns nicht nur auf die Festlegung einer Zielgruppe verlassen, sondern vor allem für uns klären, ob und wenn ja, ab wann diese Zielgruppe einen echten Bedarf hat und wann sie wirklich kaufbereit ist.

BEISPIEL

Obwohl Ihr aktuelles Auto noch sehr gut in Schuss ist, überlegen Sie hin und wieder, ob Sie sich nicht doch ein neues Fahrzeug gönnen sollten. So kann es sein, dass Sie sich an einem regnerischen Nachmittag die Zeit online mit der Konfiguration Ihres Lieblingsautos vertreiben oder sich beim nächsten Treffen mit Ihren Freunden über die Vor- und Nachteile von unterschiedlichen Modellen austauschen. Und es kann auch nicht schaden, mal in dem einen oder anderen Automagazin zu blättern. Weiter geschieht allerdings nichts, denn Sie haben ja keinen Handlungsbedarf.

Aber dann tritt ein unerwartetes Ereignis ein. Es kündigt sich Familienzuwachs an oder Ihr Fahrzeug ereilt ein Motorschaden. Jetzt gilt es zu Handeln. Aus einem latenten Wunsch oder Bedürfnis wird ein akuter Bedarf, denn spätestens, wenn der Nachwuchs da ist, hat der schnittige Zweisitzer ausgedient, oder Sie sind beruflich auf Ihr Auto angewiesen und müssen jetzt dringend ein neues Auto kaufen. Wie gut ist es da, dass Sie sich schon mal vorsorglich darüber Gedanken gemacht haben! Der nächste Schritt wird Sie zu einem Kfz-Händler Ihres Vertrauens führen.

Sie sehen an diesem Beispiel, dass es durchaus wichtig und sinnvoll ist, sich darüber klar zu werden, was Ihre Zielgruppe zum Kauf triggert und wann sie den höchsten Kaufbedarf hat. Und diese Kauftrigger sollten Sie natürlich auch in Ihren Kommunikationsmitteln wie der Webseite, den Angebotstexten oder auf Social Media gezielt einsetzen.

Buyer Persona: Geben Sie Ihrem Kunden ein Gesicht

Das Profil für Ihren idealen Kunden sollte genauso detailliert sein wie Ihr Expertenprofil (siehe dazu Kapitel »Das Ich der EB Positionierungs-Matrix«). Eine solche Buyer Persona ist der Stellvertreter Ihrer wichtigsten Bedarfsgruppe(n). Sie steht im Mittelpunkt Ihrer gesamten Angebotsentwicklung, Kommunikation und Marketingstrategie.

Während wir uns bei einer Zielgruppe auf die demografischen Fakten stützen, wie beispielsweise Alter, Geschlecht, Bildung, Einkommen, Wohnort, gehen wir bei der Erarbeitung eines Buyer-Persona-Profils wesentlich tiefer. Wir erstellen hier ein Gesamtbild der aktuellen Lebenssituation und Arbeitswelt, in der sich diese fiktive Person bewegt.

Anzahl der Buyer-Persona-Profile

Doch bevor wir damit anfangen, sollten wir zunächst die Anzahl der Profile festlegen und auch begrenzen, denn zu viele Personas verwässern das Ergebnis. In der Regel sind ein bis drei Buyer Personas ausreichend, unabhängig von der Größe und den verschiedenen Standorten des Unternehmens. Hier sollten Sie sich an den von Ihnen vorher festgelegten Zielgruppen orientieren, wie beispielsweise Führungskräfte mittelständischer Unternehmen aus der Baubranche oder familiengeführte Hotels in Oberbayern, die das Umweltsiegel tragen, oder Business-Coaches mit dem Fokus auf Leadership.

Und dafür wählen Sie dann jeweils einen Repräsentanten in Form Ihrer Buyer Persona. Je nach Branche oder Thema kann es auch zielführend sein, hier sowohl einen weiblichen als auch männlichen Stellvertreter zu entwerfen.

Buyer-Persona-Profile erstellen

Das Erstellen einer Buyer Persona ist ein intensiver Prozess, der sich auch über einen längeren Zeitrahmen erstrecken kann. Sie sollten sich dafür ausreichend Zeit einräumen.

Um das Profil zu formen, benötigen Sie zum einen die bereits gesammelten und vorhandenen Daten sowie Merkmale aus der Zielgruppen-Analyse. Andererseits können Sie dafür Informationen verwenden, die aus Befragungen stammen. Für solche Interviews oder Umfragen wählen Sie aus Ihrem Pool an

Kunden diejenigen aus, die Ihrem idealen Kundenbild am nächsten kommen. Darüber hinaus können Sie Webseitenbesucher, Newsletter-Leser oder Personen befragen, die sich spezielle Inhalte von Ihrer Webseite heruntergeladen haben. Sie können mittels Umfrage Ihre Community aus den sozialen Medien sowie Service- und Vertriebskanäle analysieren und Ihr Sales- und Vertriebsteam hinzuziehen. Auch Google und Google-Trends können Ihnen bei der Analyse helfen.

Bei der Erarbeitung der Persona sollten neben den speziellen Fragen, die sich aus dem Kontext Ihres Unternehmens ergeben, auch immer folgende gestellt werden:

- Welche soziodemografischen Merkmale weißt die Persona auf? (Alter, Geschlecht, Bildung, Herkunft, Wohnort, Lifestyle, soziales Umfeld)
- Welche berufliche Tätigkeit übt sie in welcher Position aus?
- Welche Resultate muss und möchte sie erzielen?
- Welche Kenntnisse hat sie?
- Welche Tools setzt die Persona ein?
- Wie sieht ein typischer Tag im Leben der Persona aus?
- Was sind ihre größten Herausforderungen und Probleme, die sie meistern muss?
- Was denkt und fühlt die Persona in Bezug auf ihre Probleme?
- Wie und wo sucht sie nach Lösungen und Hilfe?
- Ist die Persona technik- und internetaffin oder eher nicht?

- Wie sieht der Kaufentscheidungsprozess aus und wo wird dieser getroffen?
- Wer und was löst den Kaufimpuls aus?
- Gibt es ein Statement oder ein Zitat, das für diese Buyer Persona steht?

Die Antworten auf diese Fragen machen Ihnen die Erstellung eines Buyer-Persona-Profils leicht. Das Profil ist die Essenz aus den wichtigsten Antworten. Sie können es im ersten Schritt in Form eines Moodboards oder einer Collage mit passendem Bildmaterial, Textstellen und Überschriften, die Sie beispielsweise aus Zeitschriften oder Magazinen schneiden, visualisieren.

Je lebendiger Sie Ihrer Buyer Persona gestalten, umso wirkungsvoller können Sie damit arbeiten. Vergessen Sie nicht, Ihrer Buyer Persona auch einen Namen zu geben. Das macht es noch persönlicher.

Ich arbeite sehr gerne mit Moodboards, weil ich so immer wieder auf einen Blick erkennen kann, ob das Bild meiner Buyer Persona noch stimmig ist oder ob es angepasst werden muss. Buyer Personas sind nicht statisch, sondern entwickeln sich mit uns mit. Buyer-Persona-Moodboards können Sie entweder ganz klassisch analog in Handarbeit oder digital mit Tools wie gomoodboard.com oder canva.com umsetzen

Einsatz und Einfluss Ihrer Buyer Persona

Sobald Sie Ihre Buyer Personas erstellt haben, werden diese zu zentralen Schlüsselfiguren Ihres Unternehmens. Die Erkenntnisse und Ergebnisse daraus sollten in jeden Bereich Ihres Unternehmens einfließen. Sie sollten Ihre Buyer Personas bei allen Maßnahmen, Entwicklungen und Entscheidungen immer im Fokus haben. Besondere Beachtung sollten sie bei der Entwicklung von Vertriebs-, Sales-, Kommunikations- und Marketing-Strategien finden.

Touchpoints: Wo Sie Präsenz zeigen und Kontakt zum Kunden knüpfen sollten

Sie kennen nun Ihre wichtigsten Bedarfsgruppen und Buyer Personas Sie wissen jetzt also, wer Ihr Kunde ist, welche Lösungen er für seine Herausforderungen sucht bzw. welche Bedürfnisse er sich erfüllen möchte.

Im nächsten Schritt geht es darum, zu klären, wo Sie Ihre (potenziellen) Kunden und Bedarfsgruppen erreichen können und wo Sie präsent sein müssen. Diese Präsenz- und Kontaktstellen bezeichnen Marketing-Experten als Touchpoints. Wann immer ein Touchpoint für unsere Buyer Persona relevant ist, sollten wir dort als Experte sichtbar und mit der richtigen Information für unsere Kunden präsent sein, um sie in ihrem Kaufentscheidungsprozess zu unterstützen. Man unterscheidet Online- und Offline-Touchpoints. Beide Kategorien sind heutzutage wichtig.

Online Touchpoints

Online Touchpoints sind Suchmaschinen wie Google oder Bing, alle Social-Media-Plattformen wie z. B. Facebook, Twitter oder Instagram, Webseiten, Blogs und Online-Shops, Foren, Shopping-Portale wie Amazon oder Otto, Preisvergleichsportale wie Check24 oder Verivox, Online-Anzeigen-Dienste wie Google AdWords oder Facebook Ads, Online-Medien wie E-Books, Whitepaper oder Checklisten, Online-Magazine aller Gattungen sowie Online-PR-Plattformen.

Überall entstehen hier Online-Kontaktstellen, an denen sich Ihre Ziel- und Bedarfskunden informieren, recherchieren und zu ihrem Thema austauschen, bevor sie sich zum Kauf entscheiden.

Offline Touchpoints

Das gleiche gilt natürlich auch für die Offline-Kontaktstellen. Als Offline Touchpoints spielen vor allem die Empfehlungsgeber eine große und wichtige Rolle, also Freunde, Familie, Kollegen, Geschäftspartner, welche mit Ihnen schon gearbeitet haben und Ihre Dienstleistung oder Ihr Produkt bereits kennen.

> Die persönliche Empfehlung ist die wertvollste Form des Marketings. Empfiehlt Sie ein begeisterter und überzeugter Kunde durch Mund-zu-Mund-Propaganda weiter, zieht das andere Kunden geradezu magisch an.

Weitere interessante Offline Touchpoints können klassische PR- und Marketing-Aktionen sein, indem Sie beispielsweise als Redner auf einem Messe- oder Fachverband-Event auftreten, eine

Anzeige in einer Bedarfsgruppen-relevanten Fachzeitschrift schalten oder als Aussteller auf einer für Ihre Kunden wichtigen Branchen-Messe vor Ort sind. Ebenfalls sehr wirkungsvolle Offline-Touchpoints für die Kundengewinnung sind das eigene Fachbuch sowie redaktionelle Beiträge in für die Bedarfsgruppen wichtigen Wirtschafts-, Nachrichten- oder Branchen-Magazinen. All dies fördert Ihre Reputation als Experte.

Customer Journey

Wer über Touchpoints spricht, sollte sich auch über die sogenannte Customer Journey Gedanken machen. Das ist die Reise unseres Kunden von der Bedarfserkennung bis hin zur Kaufentscheidung. Auf diesem Weg dorthin wird er meist mehrfach mit dem Experten, der Marke oder dem Produkt in Berührung kommen, bevor er sich für den Kauf oder für die Buchung einer Dienstleistung entscheidet. Eine Faustregel lautet: Wir brauchen sieben bis zwölf Kontakte, bevor wir uns dazu entscheiden zu kaufen.

Nehmen wir an, Sie benötigen eine neue Geschirrspülmaschine. Sie recherchieren Produkteigenschaften online via Google, informieren sich über Preise und lesen Bewertungen bei Vergleichsportalen, in Online-Shops, auf Amazon sowie bei Stiftung Warentest. Und natürlich hören Sie sich auch im Freundes-, Familien- oder Kollegenkreis um, ob jemand vielleicht eine besonders gute Empfehlung für Sie hat. Wenn Sie dann nach diesen Touchpoints eine Entscheidung getroffen haben, gehen Sie entweder in den Laden und kaufen dort vor Ort, oder Sie bestellen Ihren Geschirrspüler online. Im ersten Fall wären Sie ein sogenannter ROPO-Kunde (Research Online – Purchase Offline), also ein Kunde, der sich vorab online informiert, bevor er offline kauft.

Während es online durch Tracking-Tools mittlerweile einfach ist, diese Kundenreise nachzuvollziehen, ist es offline oft um ein Vielfaches schwieriger. Häufig lässt sich nur durch Kundenbefragungen ermitteln, wie diese den Weg zu Ihnen gefunden haben.

Fragen Sie Interessenten oder Neukunden stets danach, wie sie den Weg zu Ihnen gefunden haben. So können Sie erkennen, welche Marketing-Maßnahmen greifen.

Das »Wir« der EB Positionierungs-Matrix

Wenden wir uns jetzt dem dritten Bereich der Positionierungs-Matrix zu, dem »Wir«. Hier dreht sich nun alles um den Marktplatz, die Branche und die Nische, in der Sie als Experte aktiv sind, und um die Mitspieler, die gemeinsam mit Ihnen dort die Aufmerksamkeit und Gunst potenzieller Kunden und Interessenten gewinnen möchten. Zunächst legen wir Ihre Positionierungsfelder fest. Dazu bestimmen Sie

- Ihren Markt, die Branche oder Ihre Nische, wenn Sie sich ganz spitz positionieren möchten,
- die Region, in der Sie bevorzugt tätig sind, wenn Sie vor allem lokal agieren,

- Ihre Zielgruppe, also die Menschen, die Sie als Kunden für sich gewinnen möchten,
- das Thema, für das Sie als Experte stehen und bekannt sein möchten,
- das passende Angebot dazu,
- das Preissegment, in dem Sie sich etablieren möchten.

Im Anschluss daran entwickeln Sie eine starke Botschaft, mit der Sie in den Markt treten. Wenn dies geschehen ist, sollten Sie Ihren Experten-USP, also Ihre Alleinstellungsmerkmale, klar herausarbeiten, damit Sie sich eindeutig von Ihrem Wettbewerb differenzieren und so auch den Entscheidungsprozess Ihrer potenziellen Kunden zu Ihren Gunsten positiv beeinflussen.

Wettbewerbsanalyse

Um Ihren eigenen Experten-USP zu bestimmen, ist es hilfreich, einen intensiven Blick auf die Mitspieler am Markt zu werfen. Identifizieren Sie die drei bis fünf wichtigsten Mitbewerber am Markt, also diejenigen, die den Markt anführen bzw. zu Ihrem direkten Konkurrenzumfeld gehören. Im Anschluss daran sollten Sie sich möglichst viele Informationen über diese Konkurrenten besorgen. In der Regel ist dazu eine ausführliche Analyse des Web- und Social-Media-Auftritts sehr hilfreich. Sie können auch in Ihrem Umfeld oder bei Ihren Kunden recherchieren und klären, ob diese bereits Erfahrungen mit dem Wettbewerb gemacht haben. Versuchen Sie, so viele dieser Insights wie möglich zu erhalten. Hier die wichtigsten Aspekte, die Sie bei der Wettbewerbsanalyse berücksichtigen sollten:

Wichtige Aspekte bei der Wettbewerbsanalyse
▪ Klassische Basis-Informationen wie Unternehmensgröße, Anzahl der Mitarbeiter, Umsatzgröße etc.
▪ Markt und Positionierung
▪ Standort und Region
▪ Ziel- und Bedarfsgruppen
▪ Methode und Ansatz
▪ Angebot und Preissegment
▪ Marketing und Sichtbarkeit
▪ Content und Touchpoints
▪ Expertenstatus
▪ Vertriebskanäle

Am besten notieren Sie sich alles in einer Excel-Tabelle. Eine Vorlage können Sie sich hier kostenfrei herunterladen: www.martina-fuchs.com/arbeitshilfen

Die Ergebnisse Ihrer Wettbewerbsanalyse sollten Sie für jeden Ihrer Konkurrenten unter folgenden Gesichtspunkten betrachten:

- Worin liegt dessen größte Stärke und Lösungskompetenz?
- Was macht er besonders gut? Kann ich daraus etwas lernen, modellieren bzw. weiterentwickeln?
- Wo hat er Schwächstellen, die wir zu unserem Vorteil nutzen können?

- Worin unterscheiden wir uns gezielt von ihm?
- Gibt es einen Ansatz zur Kooperation?

Dieser letzte Punkt ist besonders wichtig, denn wir sollten unsere Mitbewerber nicht immer nur als Konkurrenten sehen, sondern auch als Kollegen, mit denen wir gemeinsam vielleicht noch viel stärker sind. Manchmal entdecken wir genau durch dieses intensive Hinsehen, dass es sich tatsächlich nicht um einen Mitbewerber handelt, sondern dass wir uns vielmehr ergänzen, weil wir andere Methoden, Techniken oder Ansätze einsetzen als unser Kollege. Öffnen Sie also Ihren Blick für neue Möglichkeiten und Kooperationen.

Ihr Experten-USP-Profil

Das Ziel der Wettbewerbsanalyse ist es zum einen, die wichtigsten Mitspieler am Markt kennenzulernen. Zum anderen aber dient sie auch dazu, Ihnen Klarheit zu verschaffen, worin Sie sich eindeutig von Ihrem Wettbewerb in den einzelnen Punkten unterscheiden, was Sie als Experte mit Ihrem Unternehmen auszeichnet und einzigartig macht. Sie wissen ja bereits, dass es heute mehr denn je notwendig ist, aus der breiten, grauen Masse hervorzustechen. Wenn Sie sich als führender Experte am Markt etablieren und volle Auftragsbücher haben möchten, dann müssen Sie raus aus der Vergleichbarkeit.

> Unverwechselbar statt austauschbar, sollte Ihr Motto sein.

Wenn Sie bei der Wettbewerbsanalyse feststellen, dass es Ihrem Profil und Ihrer Expertenpositionierung noch an Schärfe fehlt oder Sie sich unsicher fühlen in Bezug auf das, was Sie einzigartig macht, dann habe ich hier für Sie weitere Anhaltspunkte, die Ihnen dabei helfen, Ihren Experten-USP zu identifizieren.

1. Persönlichkeit

Das wohl wichtigste und größte Alleinstellungsmerkmal, das Sie besitzen, ist Ihre eigene Persönlichkeit. Selbst wenn die Konkurrenz alles von Ihnen kopieren würde, Ihre Persönlichkeit kann niemand stehlen. Diese ist und bleibt einzigartig. Sie ist somit Ihr wichtigster Schlüssel für Ihre Expertenpositionierung und Ihren Experten-Erfolg. Machen Sie sich auch bewusst, dass niemand Ihr Wissen so vermitteln kann, wie Sie dies können. Darüber hinaus lohnt es sich zu prüfen, ob es eventuell ein sehr individuelles, authentisches Markenzeichen gibt, anhand dessen man Sie sofort wiedererkennen kann. Ein solcher sogenannter Talk Trigger kann z. B. eine bestimmte Farbe sein, ein Hut oder eine Kappe, die Sie immer tragen. Vielleicht haben Sie auch ein Faible, das Sie unverwechselbar macht.

BEISPIEL: DIE BRANDING QUEEN

Ich bin bekennender Britmaniac, da ein Teil meiner Familie in UK lebt und ich dieses Land seit meiner Kindheit bereise. Kunden wie Freunde wissen das und auch, dass ich ein Fan der Queen bin. So haben sie mir den Spitznamen »Branding Queen« verpasst. Ich werde immer mit Updates von der Insel versorgt oder mit kleinen Geschenken von dort überrascht.

Wichtig an dieser Stelle: Erfinden Sie keine Markenzeichen oder Talk Trigger, nur um welche zu haben. Menschen spüren, ob sie echt oder aufgesetzt sind. Im zweiten Fall können Sie sich damit mehr schaden als nützen.

2. Persönliche Geschichte und Lebenserfahrung

Ihre Geschichte und Ihr Lebensweg sind ebenfalls einmalig. Sie waren vielleicht der Auslöser und Grundstein für Ihre heutige Expertise. Durchleuchten Sie diese also nochmals. Achten Sie besonders auf Krisen und Umbruchzeiten, die Sie besonders geprägt haben, und schauen Sie, ob hier ein Alleinstellungsmerkmal zu finden ist, das Sie von Ihren Mitbewerbern abhebt.

3. Expertise und Berufserfahrung

Im Bereich Expertise und Berufserfahrung können Sie mit Sicherheit einige wertvolle Alleinstellungsmerkmale finden. Beginnen Sie mit Ihrem Schulabschluss und Ihrer Ausbildungszeit. Haben Sie besondere Bildungsinstitute und Hochschulen besucht oder vielleicht ein Auslandsjahr in einer renommierten Universität absolviert? Hatten Sie Lehrer, Mentoren, Ausbilder, die über ihren eigenen Expertenstatus einen wertvollen Imagetransfer auf Sie und Ihre Expertise legen? Oder haben Sie Ihr Studium abgebrochen oder gar nicht erst begonnen und sich gleich in die Praxis gestürzt oder Ihr Unternehmen gegründet? Vielleicht differenzieren Sie sich genau damit von anderen Anbietern am Markt! Und Sie sind in guter Gesellschaft. Auch ein Steve Jobs hat sein Studium nie beendet.

Wer oder was hat Ihre weitere Karriere und Berufserfahrung geprägt? Für welche Unternehmen waren Sie in welcher Funktion tätig? Gibt es hier eventuell Indikatoren für Alleinstellungsmerkmale?

Welche Fort- und Weiterbildungen haben Sie absolviert? Haben Sie spezielle Diplome oder Zertifikate erworben, die Sie heute als Experte auszeichnen und einzigartig machen? Sprechen Sie mehrere Sprachen? Ich habe eine Kundin, die so ganz nebenbei erwähnte, dass sie sieben Sprachen beherrscht. Sie erachtete dies aber quasi als selbstverständlich und sah es nicht als ihr Alleinstellungsmerkmal. Jammerschade, denn auch eine solche Fähigkeit ist ganz klar ein Alleinstellungsmerkmal. Ebenso ein wichtiger Indikator sind die Jahre Ihrer Berufserfahrung. Halten Sie nicht damit hinter dem Berg, wenn Sie bereits zehn, 15 oder gar 25 Jahre Erfahrung auf dem Buckel haben.

4. Innovative Methoden und Angebote

Besonders gut lässt es sich bei Kunden mit Eigenentwicklungen punkten, so beispielsweise mit einer eigenen Methodik oder einem Beratungsansatz, den Sie selbst konzipiert haben. Ebenso beeindrucken können Sie mit außergewöhnlichen Techniken oder selbst entwickelten Software-Lösungen, Apps oder Tools. Bieten Sie Ihren Kunden eine außergewöhnliche Customer Experience oder ein spezielles Service-Erlebnis, wenn man bei Ihnen kauft oder Sie bucht? Haben Sie eine neue Art der Wissensvermittlung oder ein neues interaktives Trainings-, Schulungs- oder Lernprogramm kreiert, das es so nur bei Ihnen gibt?

5. Referenzen

Sind Sie für ein großes, internationales und renommiertes Unternehmen tätig oder haben Sie dort gearbeitet, bevor Sie Ihr eigenes Unternehmen gegründet haben? Auch das ist ein positiver Imagetransfer auf Ihren Expertenstatus und kann ein Alleinstellungsmerkmal sein. Gibt es bekannte Persönlichkeiten, für die Sie tätig sind oder waren? Profitieren Sie von deren Bekanntheit und fragen Sie sie nach einer Referenz, die Sie auf Ihrer Website veröffentlichen dürfen. Aber nicht Referenzen von Prominenten sind wertvoll. Wunderbare Alleinstellungsmerkmal-Juwelen lassen sich auch im schriftlichen Feedback anderer Kunden finden.

6. Veröffentlichungen und Presse

Haben Sie ein wichtiges Fachbuch bei einem renommierten Verlag zu Ihrem Thema veröffentlicht? Schreiben Sie eine regelmäßige Kolumne in einer wichtigen Fachzeitschrift? Haben Sie diverse Artikel in unterschiedlichen Medien und Magazinen als Experte zu Ihrem Fachgebiet verfasst? In welchen wichtigen Magazinen, Fachzeitschriften, Hörfunk-Sendungen, Online-Portalen oder TV-Sendungen waren Sie als Experte und Interview-Partner vertreten?

7. Preise und Auszeichnungen

Gibt es wichtige Auszeichnungen, Preise und Awards, die Sie gewonnen bzw. erhalten haben und die Sie von Ihren Kollegen und Mitbewerbern unterscheiden?

8. Außendarstellung und Marketing

Nach der Wettbewerbsanalyse sollten Sie wissen, welche Touchpoints und Marketing-Kanäle Ihre wichtigsten Mitbewerber einsetzen. Vergleichen Sie diese mit Ihren Aktivitäten. Prüfen Sie, ob Sie hier neue, andere Wege gehen oder Plattformen nutzen können, die Ihr Wettbewerb noch nicht einsetzt.

Experten-USP kommunizieren

Tue Gutes und rede darüber. Es hilft Ihnen nichts, wenn nur Sie über Ihre Alleinstellungsmerkmale Bescheid wissen, aber der Rest der Welt nicht. Also sprechen Sie darüber auf Ihrer Webseite, Ihren Social-Media-Kanälen sowie auf allen von Ihnen eingesetzten Kommunikationsplattformen. Seien Sie nicht zu bescheiden, wenn es darum geht, Ihre Auszeichnungen sichtbar zu machen oder zu nennen, in welchen Medien Sie schon als Experte zu Gast waren oder es bald sein werden. Fokussieren Sie sich dabei am besten auf die fünf bekanntesten. Vermeiden Sie ebenso einen Logograben auf Ihrer Webseite: Sie müssen nicht alle Logos von Unternehmen aufführen, für die Sie je gearbeitet haben. Wählen Sie hier die Unternehmen, die in Ihrer Branche das größte Renommee haben.

Ihr Signature-Angebot

Wofür stehen Sie? Wissen Sie das? Und vor allem: Wissen es auch Ihre Kunden und all diejenigen, die es werden sollen? Falls Ihre Antwort »Nein« lautet, werfen Sie doch einen Blick in dieses Kapitel. Darin erfahren Sie,

- wie es Ihnen gelingt, Ihr Signature-Angebot herauszuarbeiten,
- was es mit dem Modelling of Excellence auf sich hat,
- wie Sie von der sogenannten Angebotspyramide profitieren.

Wofür wollen Sie bekannt sein?

Ein essenzieller Baustein für den Status »ausgebucht« sowie für Ihren Expertenstatus ist ein Angebot, das unverkennbar Ihre Handschrift trägt und untrennbar mit Ihnen als Experte und Ihrem Unternehmen verbunden ist. Ein solches Signature-Angebot (Signature = Unterschrift) beinhaltet die Essenz und Exzellenz Ihrer Expertise. Sie sind dafür bekannt wie die Coca-Cola Company für ihre unverwechselbare Brause. Stellen Sie sich also die Frage, wofür Sie in Ihrer Branche, in Ihrem Markt, in Ihrer Region als Top-Experte bekannt sein möchten.

BEISPIEL: TOP-EXPERTEN IHRER BRANCHE

Wenn es um schlüsselfertigen Massivhausbau geht, ist das mittelständische Unternehmen Hilpl-Wagner Bau, Top 100 Innovator, in Ostbayern die erste Adresse. Führender Experte für hochwertige Terrassendächer in Berlin ist das Unternehmen Ambitop. Zu den Top-Consultants in Deutschland zählt Dr. Sandra Dreyer, wenn es darum geht, Pharma neu zu denken.

Alle diese Unternehmer aus dem Beispiel eint eines: Sie stehen für ein Thema und sie alle verfügen über eine außergewöhnliche, langjährige und exzellente Expertise in ihrem Bereich, was sie zu Top-Experten ihrer Branche macht. Warum ich das weiß? Weil ich sie alle persönlich kenne und sie nicht nur auf dem Weg zur führenden Expertenmarke in ihrer Branche begleitet habe, sondern stetig mit ihnen daran arbeite, dass ihr Expertenstatus und die Anziehungs- wie Wirkkraft ihrer Expertenmarke täglich weiterwachsen.

BEISPIEL: COCA-COLA COMPANY

Natürlich hat der Getränkeriese sein Erfrischungsdrink-Imperium permanent weiter ausgebaut, aber in der Kommunikation und im Marketing steht Coca-Cola immer an erster Stelle. Alle anderen Produkte wie Fanta, Sprite oder Mezzo Mix werden unter der Dachmarke Coca-Cola Company mitgeführt. Natürlich werden sie auch in eigenen Marketing-Aktionen gefeatured, aber der Fokus liegt immer auf Coca-Cola.

Was ist Ihre Coca-Cola, also Ihr Signature Offer? Diese Frage hilft übrigens auch, wenn Sie einen ganzen Bauchladen an Angeboten besitzen.

> Sie können als Experte nicht für drei, fünf oder acht Angebote gleichzeitig bekannt sein. Wenn Sie dies anstreben, sind Sie kein Spezialist, sondern Generalist und werden nur schwerlich den Erfolg erzielen, den Sie haben könnten, würden Sie Ihren unternehmerischen Bauchspeck in Form von zu vielen Angeboten loslassen.

Entwickeln Sie Ihre eigene Methode

Besonders Dienstleister, Berater und Coaches sollten sich früh damit auseinandersetzen, eine eigene Methode, Formel, Technik, Matrix oder Herangehensweise zu entwickeln, die ihnen dabei hilft, sich signifikant von Mitbewerbern abzugrenzen. Ähnliches gilt auch, wenn Sie physische Produkte herstellen oder einen Handwerksbetrieb haben. Setzen Sie auch hier auf Einzigartigkeit. Sie könnten beispielsweise einen einzigarten Kundenbetreuungsprozess etablieren, einen speziellen Bauablaufplan entwickeln oder eine innovative Produktserie kreieren.

Fangen Sie also am besten heute noch an, Ihre Vorgehensweise in einzelne Schritte zu unterteilen und diese in einer Methode, einem Tool oder auch einer Matrix zusammenzufassen.

BEISPIEL: MEINE METHODE

Für meine Arbeit mit Kunden habe ich, basierend auf meiner Expertise, die Digital Expert Branding Methode und die Expert Branding Positionierungs-Matrix entwickelt.

Productized Service: Automatisieren Sie Ihre Prozesse

Neben dem Signature Offer sollten Sie auch einen sogenannten Productized Service entwickeln. Das sind Systeme und Prozesse rund um Ihr Signature Angebot, die wie ein Schweizer Uhrwerk funktionieren und zum großen Teil vollautomatisiert ablaufen können: angefangen von der Leadgewinnung z.B. durch eine E-Mail-Marketing-Software und einen Kundengewinnungs-Funnel über die automatisierte Terminvereinbarung auf Ihrer Webseite zu Kunden-Onboarding- und Offboarding-Prozessen vor und nach erfolgreicher Zusammenarbeit und natürlich auch für Systeme während des gemeinsamen Projektes. Dieses Vorgehen sorgt dafür, dass Sie Ihr Unternehmen immer weiter skalieren können. Das ist besonders wichtig, wenn Sie im 1:1- Beratungsgeschäft tätig sind, aber auch in jedem anderen Bereich und jeder anderen Branche, wo Sie ständig wiederkehrende Prozesse und Abläufe mithilfe smarter Tools einmal aufsetzen und dann von Ihrer Agenda streichen können. Das schafft Freiraum für Ihr Kerngeschäft und den weiteren Ausbau Ihres Expertenstatus, mehr Zeit und mehr Umsatz.

Modelling of Excellence

Bei der Entwicklung Ihres Signature Angebots und der eigenen Methode oder Technik müssen Sie das Rad nicht zwangsläufig neu erfinden. Sie können bestehende Methoden, Frameworks, Techniken neu denken, darauf aufbauen und weiterentwickeln.

Die Gründerväter des Neuro-Linguistischen Programmierens (NLP) Richard Bandler und John Grinder waren Meister des sogenannten Modelling of Excellence. Sie übernahmen erfolgreiche Methoden exzellenter Psychotherapeuten und entwickelten sie für ihre Zwecke weiter. Dieses Prinzip funktioniert natürlich auch bei anderen Methoden. Damit es jedoch gelingt, darf ich diese nicht einfach nur platt kopieren, sondern ich muss mich auch mit den Fähigkeiten, dem Mindset und den Werten der Person, die diese Methode in die Welt gebracht hat, auseinandersetzen und mit meinem eigenen Mindset, meinen Fähigkeiten und Werten abgleichen. Das ist auch der Grund, warum die meisten Copy Cats scheitern. Sie scheuen den Aufwand und sie verfügen nicht über die Persönlichkeit und das benötigte Know-how wie das Original. Und oft verstehen sie das Konzept, das dahintersteht, auch nicht. Genau dies ist übrigens der beste Kopierschutz für uns Experten!

Doch das Modelling of Excellence funktioniert durchaus – vielleicht auch für Ihre Zwecke. Sie dürfen sich von anderen Quellen inspirieren lassen. Ich persönlich hole mir oft Impulse aus völlig fremden Branchen, die absolut nichts mit meinem Thema zu tun haben. Was kann ich beispielsweise von einem Geigenbauer, Gärtner oder Chirurg für mein eigenes Business und Thema lernen? Welche Skills brauchen diese Menschen, wenn sie ihre Tätigkeit ausüben, und welche davon kann ich für mein Tun und für meine Beratungsmethode übernehmen? Und dann schaue ich prinzipiell auch gerne über den Tellerrand und bei Kollegen im Ausland vorbei, wie diese mein Thema denken und was da gerade Spannendes passiert.

Wenn Sie so anfangen zu denken, kommen Sie garantiert auf neue Ideen, Perspektiven und Impulse, die Ihre Arbeit ungemein bereichern und der perfekte Nährboden für völlig neue Ansätze sind.

In welcher Liga wollen Sie spielen?

Wenn Sie Ihr Signature-Produkt entwickeln, dann kommt früher oder später die Frage nach dem Preis auf. Wieviel darf Ihr Angebot kosten? Hier gilt es als Erstes einmal zu klären, in welcher Preisklasse Sie spielen möchten, denn auch das gehört zu Ihrer Expertenpositionierung: sich nicht nur über den Markt, die Branche Gedanken zu machen, sondern sich auch für ein Preissegment zu entscheiden. Ich treffe hier drei Unterteilungen.

Basic- und Medium-Segment

Hier befinden Sie sich im unteren Preissegment. Der Fokus liegt hier ganz klar auf Masse. Leider oft zulasten der Klasse und Qualität. Für Ihre Positionierung als Experte ist dies ganz klar nicht die bevorzugte Preiskategorie. Als Experte stehen Sie für Exzellenz und zu niedrige Preise können für Ihren Expertenstatus eher schädlich als förderlich sein. Wie wir gleich noch sehen werden, können jedoch sogenannte Easy-Yes-Angebote für den Einstieg durchaus sinnvoll sein.

Premium- und Highprice-Segment

Hier liegen Sie immer richtig. Sie sollten daher auf alle Fälle Angebote haben, die in diesem Preissegment liegen oder starten. So können Sie zum Beispiel ein Paket entwickeln, das es in einer Medium- und in einer Premium-Variante gibt. Sind Sie beispielsweise ein Coach, könnte das so aussehen.

BEISPIEL: MEDIUM- UND PREMIUMPAKET

Während die Medium-Version rein auf Onlinecoaching und eine virtuelle Begleitung ausgerichtet ist, beinhaltet die Premium-Version zusätzlich Live-Strategie-Tage mit Ihnen. Die Preiskalkulation orientiert sich dabei zum einen an Thema, Umfang, Inhalt und Länge des Coachings sowie an der Zielgruppe, für die Sie es entwickeln. Des Weiteren spielen dabei natürlich auch Ihre Erfahrung und die Expertise, die Sie mitbringen, und vor allem die Resultate, die man durch Sie und mit Ihnen erzielt, eine maßgebliche Rolle. Coaching-Angebote können hier zwischen 2.500 und 25.000 Euro liegen.

Highperformance- und Luxussegment

Das ist Ihr Preissegment, wenn Sie sich mit Ihrem Angebot auf Luxusgüter und Highend-Kunden konzentrieren. Coachen Sie die Management-Etage eines großen Konzerns oder statten Sie Lofts in New York aus, dann können Sie auch Ihre Preise entsprechend hoch ansetzen.

> Jede Branche hat ihr eigenes Preisgefüge, das es zu beachten gilt. Allerdings sollten Sie sich bei der Kalkulation Ihrer Honorare und Preise davon auch nicht zu sehr einengen lassen. Als Experte bestimmen Sie, was Ihre Leistung wert ist, gemessen an Ihrer Erfahrung und den Ergebnissen und Resultaten, die Sie liefern.

Die Angebotspyramide

Ihr Signature-Angebot sollte immer auch ein Premium- oder Highperformance-Angebot sein, das Ihren Expertenstatus widerspiegelt und Ihrer Expertise gerecht wird. Es ist viel einfacher, hochpreisige Produkte und Angebote zu verkaufen als Massenartikel. Sie müssen für den Massenmarkt einen viel größeren und somit auch kostenintensiveren Aufwand betreiben, um den gewünschten Umsatz zu erzielen. Im Premium- oder Highperformance-Bereich können dafür bereits zwei bis drei Kunden pro Monat ausreichen. Darüber hinaus sollten Sie Ihre Preise auch nicht zu niedrig ansetzen. Im Nachhinein ist es nämlich immer schwer, die Preise zu erhöhen, vor allem bei Bestandskunden.

Wenn ich mit meinen Kunden gemeinsam ihre Signature-Angebote entwickle, erarbeiten wir gleichzeitig immer eine Angebotspyramide rund um dieses Angebot, die so gestaltet ist:

1. Wir entwickeln ein sogenanntes Easy-Yes-Angebot, also ein günstiges Angebot, bei dem es Interessenten leicht fällt, Ja dazu zu sagen. Damit geben wir ihnen die Möglichkeit, das Unternehmen und die Art der Zusammenarbeit kennenzulernen oder sich von der Qualität des Produktes zu überzeugen.
2. Im zweiten Schritt gibt es dann ein Angebot im Premium- und Medium-Segment.
3. Darüber hinaus kreieren wir eine Angebots-Version, die im Highperformance- oder Luxussegment angesiedelt ist.

So bieten Sie Interessenten und potenziellen Kunden drei Einstiegsmöglichkeiten sowie die Option zum Upgrade nach einem leichten Einstieg auf den unteren Angebotsstufen. Bedenken Sie dabei jedoch stets: Je niedriger Sie Ihre Preise ansetzen, umso schwieriger wird es, diese später bei Bestandskunden zu erhöhen. Also besser gleich auf höherem Level einsteigen!

Sichtbar mit Expertenmarketing

Dank der Digitalisierung ist es heutzutage einfach, Marketing in eigener Sache zu betreiben. Ob Blog, eigene Website, Facebook- oder LinkedIn-Account – es gibt viele Optionen für Experten, sich im Licht der Öffentlichkeit zu präsentieren.

In diesem Kapitel erfahren Sie u. a.,

- wie Sie Ihre Marketing-Strategie entwickeln,
- welche digitalen und analogen Kanäle und Plattformen sich anbieten,
- wie Sie eine Vier-Schritte-Roadmap planvoll zum Erfolg führt.

Schluss mit Undercover!

Marketing ist heute im Zeitalter der digitalen Marketingkanäle und Plattformen so einfach und kostengünstig wie nie. Unabhängig von Marketingbudget und Unternehmensgröße kann jeder zur Marke werden und Marketing betreiben. Damit gibt es definitiv keine Ausreden mehr, sich zu verstecken. Der einzige der sich den Status »Undercover« leisten kann, ist James Bond. Doch selbst der muss irgendwann die Hüllen fallen lassen und als Daniel Craig auf den roten Teppich, um seinen Blockbuster ordentlich zu promoten, wenn die Kassen klingeln sollen.

Allerdings ist durch die niedrige Einstiegshürde im Marketing und in das Unternehmertum auch die Konkurrenzdichte um einiges höher geworden und der Lärmpegel am Marktplatz enorm gestiegen. Das bedeutet aber nicht, dass hier der lauteste oder aggressivste Anbieter automatisch gewinnt und sich die meisten Kunden sichert. Im Gegenteil: Hier sind smarte, nicht laute, Marketingstrategien gefragt. Dabei hilft Ihnen natürlich Ihre Expertenpositionierung und Ihr Expert Branding sowie der konsequente Auf- und Ausbau Ihres Expertenstatus.

Raus aus der grauen Masse, rein ins Scheinwerferlicht

Die zentralen Aufgaben, die Ihr Expertenmarketing für Sie erfüllen muss, sind ganz einfach:

- Als Erstes muss es dafür sorgen, dass Sie in Ihrer Branche, in Ihrem Markt für Ihre relevante Bedarfsgruppe überhaupt erst einmal als Experte sichtbar werden.
- Wenn dieser Schritt getan ist, geht es darum, dass Sie auf den richtigen Marketingkanälen konsequent Präsenz zeigen, also sichtbar sind.
- Im letzten Schritt steht im Fokus, dass Sie als führender Experte auch sichtbar bleiben. Hier geht es um langfristige Marketing-Strategien, denn Expertenmarketing ist kein Sprint, sondern eine Langstreckendisziplin für den erfolgreichen Auf- und Ausbau Ihres Expertenstatus.

Die vier Ebenen des Expertenmarketings

Wenn Sie mit Expertenmarketing erfolgreich Kunden gewinnen möchten, dann sollten Sie Ihre Kommunikations- und Marketingmaßnahmen in vier Bereiche gliedern.

Ebene 1: Sichtbarkeit – Visibility Marketing

Im ersten Schritt dreht sich alles um Ihre Sichtbarkeit. Sie müssen, wie eben beschrieben, mit Ihrer Expertise bei Ihren potenziellen Kundengruppen sichtbar werden, sein und bleiben. Denn nur, wenn Sie als Experte präsent sind und Präsenz zeigen und dabei Ihre Expertise erlebbar machen, sind Sie für Ihre Ziel- und Bedarfsgruppen existent. Auf dieser Ebene geht es also darum, Ihrem Unternehmen Ihr Gesicht zu geben und mit der »All Eyes on You«-Strategie und innovativen Ideen dafür zu sorgen, dass Sie die volle Aufmerksamkeit innerhalb Ihres Marktes, Ihrer Branche und Ihrer Bedarfsgruppe erhalten, um sich so von Ihren Mitbewerbern abzugrenzen.

Ebene 2: Expertise leben – Education Marketing

Wenn wir die volle Aufmerksamkeit haben bzw. als Experte auf uns lenken, ist es wichtig, Ihrem potenziellen Kunden zu beweisen, dass Sie wirklich die beste Lösung für sein Anliegen sind. Das gelingt, indem Sie ihm Kostproben Ihrer Expertise und Ihres Wissens für seine Kittelbrenn-Faktoren geben, z. B. durch einen für ihn relevanten Blogbeitrag, ein Tutorial-Video, ein Webinar oder eine Checkliste, die Sie kostenfrei zum Download anbieten.

> Haben Sie keine Angst davor, Ihr Wissen kostenlos zu teilen. Es geht hier nicht darum, dem Interessenten das ganze Rezept zu verraten, sondern ihm, wie in einem Spitzenrestaurant ein Amuse-Gueule als Gruß aus Ihrer 5-Sterne-Experten-Küche zu servieren, damit er weiß, worauf er sich freuen darf. Das macht ihm garantiert Appetit auf mehr!

Ebene 3: Beziehungspflege – Relationship-Marketing

Von der Eintagsfliege zum verlässlichen Partner und Wegbegleiter – genau um diese Entwicklung geht es in dieser Ebene. Indem wir kontinuierlich und regelmäßig mit wertvollen Impulsen und Inhalten bei unseren wichtigsten Kundengruppen präsent und erlebbar sind, werden wir für diese auf Dauer zum unverzichtbaren Experten und Ratgeber.

Dies gelingt über einen Newsletter, mit dessen Hilfe Sie in Verbindung mit Ihren Kunden bleiben, oder durch neue Beiträge auf Ihrem Blog oder in Ihrem Podcast oder mit Ihrer Präsenz auf den für Ihre Kunden relevanten Marketing-Kanälen wie beispielsweise Facebook oder YouTube.

Ebene 4: Vertrauensaufbau – Trust-Marketing

Vertrauen ist die wichtigste und wertvollste Währung in unserer Welt und somit auch im Marketing und im Verkauf. Wie Sie Vertrauen bei Ihren Interessenten und Kunden schaffen? Indem Sie meine Trust-Formel beherzigen: Echte Persönlichkeit + kontinuierliche Sichtbarkeit + gelebte Expertise + Beziehungspflege = Vertrauen

> Kontinuität und Regelmäßigkeit sind ausschlaggebende Faktoren, wenn es um die Ebenen Nr. 1 bis 3 geht. Aber wenn wir die Zeit dafür investieren, dann ernten wir reichlich. Zum einen durch den Aufbau einer erfolgreichen und starken Expertenmarke und zum anderen durch eine loyale Community, echte Fans, langfristige Kundenbeziehungen und begeisterte Kunden, die Sie gerne weiterempfehlen.

Aufgaben und Ziele Ihres Experten-Marketings

Bevor Sie Ihre Marketing-Aktivitäten planen, sollten Sie für sich klären, welche Aufgaben das Marketing schwerpunktmäßig für Sie erfüllen soll. Sie sollten diese in kurz-, mittel- und langfristige Aufgaben unterteilen.

Übersicht: Mögliche Kernaufgaben Ihres Experten-Marketing

- Aufbau Expert Branding und Etablierung Experten-Marke
- Sichtbarkeit für Ihre Expertenmarke und Ihr Unternehmen erhöhen
- Reichweite steigern und mehr Traffic für Ihre Expertenmarketing-Kanäle
- Aufbau Marktführerschaft und Themenbesitz in Ihrer Branche
- Verkauf von Dienstleistungen, Services und Produkten
- Neukundengewinnung und Umsatzsteigerung

Im nächsten Schritt sollten Sie für die Bereiche Expert Branding, Reichweite, Sichtbarkeit, Community-Aufbau, Neukundengewinnung, Sales und Conversion messbare Ziele und Milestones, wie Sie diese Ziele erreichen, festlegen.

BEISPIEL

Sie möchten mindestens 100 bis 200 neue Abonnenten pro Monat für Ihren YouTube-Kanal gewinnen. Welche Aktionen können und sollten Sie dafür durchführen? Beispiele: Kanal-Analyse, Optimierung und Aktualisierung des YouTube-Kanals, Entwicklung verschiedener Video-Serien für den Kanal, Vorproduktion von etwa 31 hochwertigen Videos, sodass jeden Tag ein neues Video online gehen kann. Teilen dieser Videos auf allen relevanten Social-Media-Plattformen und der eigenen Webseite, Erstellung einer Roadmap und Auflistung aller benötigten Ressourcen und Manpower.

Digitale Experten-Marketing-Kanäle

Nun ist es an der Zeit, für Ihr Expert Branding und natürlich für Ihre Kundengewinnung die wichtigsten Marketing-Kanäle zu bestimmen und diejenigen auszuwählen, welche die größte

Hebelwirkung haben für Ihre Sichtbarkeit und Reichweite, Ihren Expertenstatus und für Ihren Status »ausgebucht«.

> Denken Sie daran: Es geht hier nicht um Masse, sondern um Klasse und smarte Wege. Das heißt, Sie müssen nicht alle Kanäle gleichzeitig bespielen, wenn Sie dafür nicht über genügend Manpower verfügen. Es ist besser, sich auf nur wenige Kanäle zu fokussieren, diese aber mit der entsprechenden Ausdauer und mit hoher Qualität zu bedienen.

Wenden wir uns als Erstes den wichtigsten digitalen Marketingplattformen und Kanälen zu, die Ihnen aktuell zur Verfügung stehen. Hierbei gibt es sogenannte Pflichtkanäle, die sich nach Ihrem Thema und Ihrer Branche richten. So kommt man heutzutage um eine eigene Webseite nicht mehr herum, obwohl es erstaunlicherweise immer noch Unternehmen gibt, die darauf verzichten. Darüber hinaus gibt es die sogenannten Nice-to-Have-Kanäle, die Sie nur dann zu Ihrem Marketingportfolio hinzufügen, wenn diese wirklich sinnvoll sind und der gewählte Kanal als wichtiger Touchpoint für Ihre Kundengewinnung identifiziert ist und eine entsprechende Hebelwirkung für Sie hat.

Die Experten-Webseite

Das Herzstück Ihrer Expertenmarketingstrategie und der wichtigste Marketing-Kanal, über den Sie verfügen, ist Ihre Webseite. Sie ist wie die Sonne, die von allen anderen Planeten des Social-Media-Universums umkreist und mit Traffic gespeist wird.

Sie sollten also in den Aufbau und die Konzeption Ihrer Webseite Zeit und Liebe investieren, um ein exzellentes Ergebnis zu erzielen.

> Aber Vorsicht: Tappen Sie nicht in die Perfektionismus-Falle! Arbeiten Sie mit dem, was Sie bereits haben, und entwickeln Sie Ihre Webseite »on the Go«, statt so lange daran zu feilen, bis es zu spät ist.

Eine gut ausgearbeitete Konzeption sorgt für Klarheit, was Ihre Webseite können und leisten muss, wer damit angesprochen werden soll, welche Seiten und Inhalte, wie z. B. Texte, Grafiken, Bilder oder Downloads, benötigt werden und welches Look & Feel Ihre Webseite vermitteln soll. Damit können Sie auch Ihre Webdesigner optimal briefen und erhalten so ein realistisches Angebot, das nicht ständig nachkalkuliert werden muss.

Ihre Experten-Webseite muss ein Spiegelbild Ihrer Persönlichkeit, Expertise und Exzellenz sein. Dafür braucht es mehr als einfache Baukasten-Websysteme. Auch sollte im Vorfeld ein Corporate-Identity-Konzept, basierend auf Ihrem Expert Branding, entwickelt worden sein sowie das dazugehörige Corporate Design, damit grafisch und gestalterisch alles eine Handschrift trägt. Fragen Sie sich nicht nur, welche Kernaufgaben und Ziele Ihre Webseite *für Sie* erfüllen soll, sondern auch, welche Ansprüche Ihre Webbesucher an die Homepage haben könnten (Beispiele: relevante Infos schnell finden oder alle Inhalte problemlos auch mobil abrufen). So ein Perspektivenwechsel fördert immer wertvolle Insights zutage.

Der Aufbau der Experten-Webseite

In Deutschland gibt es 54 Millionen Smartphone-User, die, wie aktuelle Studien zeigen, bis zu 1.500 Mal pro Woche zu ihren Smartphones greifen. Kein Wunder, dass es seit Oktober 2016 deswegen bei Google »Mobile First« heißt, übrigens genauso wie beim größten sozialen Netzwerk Facebook. Und der E-Commerce-Professor Gerrit Heinemann spricht bereits von »Mobile Only«. Für Sie heißt das, dass Ihre Webseite mobil optimiert und konzipiert sein muss. Responsive Design gehört mittlerweile zum Pflichtprogramm. Im Web gibt es aber in dieser Hinsicht noch viele optimierungsbedürftige Sites. Das kostet wertvolle Plätze im Google-Ranking und sicherlich auch Kunden.

Smartphones und Tablets haben unser Nutzerverhalten komplett verändert. Heute klicken wir nicht, sondern scrollen und wischen. Deswegen sollten alle relevanten Infos auf einer Seite ersichtlich sein, und zwar ohne viel Klicks zu weiteren Unterseiten. Zudem ist ein ausgewogenes Bild- und Textverhältnis wichtig. Als Faustregel gilt: Lieber weniger Text und dafür mehr Bilder oder Videos. Besonders Bilder sind wichtige und wirksame Elemente auf Ihrer Webseite. Verwenden Sie nur qualitativ hochwertige Grafiken, Fotos und Illustrationen. Vor allem, wenn es darum geht, Sie als Experten mit Ihrer Expertise sichtbar zu machen. Schlechtes oder fehlendes Bildmaterial ist hier unverzeihlich. Investieren Sie also in einen guten People- und Business-Fotografen und wählen Sie auch mal ungewöhnliche Shooting-Locations dafür. Wenn Sie mit Stock-Fotos – das sind auf Vorrat produzierte Bilder von Bildagenturen – arbeiten, vermeiden Sie Personen-Bilder oder Motive, bei denen sofort ersichtlich ist, dass es sich hier um eine gestellte Situation handelt.

Ebenso gehört eine einfache, klare und schlanke Menüstruktur zu einer guten Website. Vermeiden Sie zu viele Unterseiten. Ihre Besucher haben gar nicht mehr die Zeit, alle diese Inhalte zu konsumieren. Künstliche Wortschöpfungen im Menü sind deshalb ebenfalls tabu. Sagen Sie in klaren Worten, was im jeweiligen Menüpunkt zu finden ist, denn Sie haben nur wenige Sekunden, um die Aufmerksamkeit des Webbesuchers zu gewinnen. Klartext hat hier also oberste Priorität. Eine hohe Nutzerfreundlichkeit und auch barrierefreies Webdesign, sodass wirklich jeder Ihre Webseite nutzen und lesen kann, sind ebenfalls wichtig.

Die drei zentralen Seiten Ihrer Experten-Webseite

Es gibt drei Seiten auf Ihrer Homepage, denen Sie ganz besonders viel Aufmerksamkeit schenken sollten. Es handelt sich hier um die Startseite, die Angebotsseite und die »Über mich«-Seite. Sie sind entscheidend für Ihre erfolgreiche Kundengewinnung.

> Die folgenden Ausführungen beziehen sich ausschließlich auf Unternehmens-Webseiten und Corporate Blogs. Es spricht aber nichts dagegen, daraus auch Impulse zu Ihrem Onlineshop zu ziehen.

Die Startseite

Die Start- oder Home-Seite ist das Herzstück Ihrer Webseite. Sie ist die Bühne für Ihre Expertise, Ihr Unternehmen und Ihr Angebot. Hier müssen auf einen Blick alle relevanten Informationen ersichtlich sein. Die Startseite sollte folgende Fragen Ihrer Besucher beantworten:

- Was bekomme ich hier?
- Welchen Nutzen habe ich davon?
- Von wem bekomme ich es?
- Wie bekomme ich es?

Für die Beantwortung dieser Fragen in Wort und Bild haben Sie je nach Altersgruppe zwischen 3 und 7 Sekunden Zeit. Exakt so lange ist aktuell die Aufmerksamkeitsspanne, die Ihnen ein Webbesucher, je nach Alter, schenkt. Wenn Sie es nicht schaffen, die Aufmerksamkeit Ihres Besuchers innerhalb dieser wenigen Sekunden zu gewinnen, ist dieser auf Nimmerwiedersehen verschwunden. Je jünger der Besucher ist, desto kürzer hält seine Aufmerksamkeit an.

> Die Fragen sollten Sie im oberen Drittel Ihrer Webseite beantworten. Nur wenn im Header-Bereich – dem Bereich, der beim Aufruf Ihrer Webseite sichtbar ist – eine relevante Botschaft mit einem aussagekräftigen Bild oder Video verknüpft ist, das mit den richtigen Schlüsselworten den Nerv des Besuchers trifft und seine Aufmerksamkeit gewinnt, wird er bleiben und sich weiter informieren.

Der Aufbau der Startseite

Den mobilen User im Blick, muss die Startseite so konzipiert sein, dass der Webbesucher alle relevanten Informationen auf dieser einen Seite erhält, ohne dass er sich mit vielen Klicks durch zahlreiche Unterseiten navigieren muss, um zum gewünschten Ziel zu kommen. Jeder Umweg birgt die Gefahr von Abbruch!

Auf Ihrer Startseite sollten Sie

- als Experte, Expertin sichtbar sein. Dies gilt sowohl für einen Einzelunternehmer wie für den Inhaber eines mittelständischen Unternehmens.
- Videos in Form von Experten-Talks oder einen gut gemachten Imagefilm, der wirklich einen authentischen Blick hinter die Kulissen und auf die Experten gewährt, einsetzen.
- Ihre Produkte, Angebote, Ihr Portfolio sowie Services auf einen Blick in einer knackigen Übersicht präsentieren.
- kostenfreie Downloads anbieten (Beachten Sie hier jedoch die gesetzlichen Vorschriften, vor allem die Lizenzrechte anderer bei Fremdmaterial und auch den Datenschutz!).
- interaktive Elemente einbinden wie Umfragen oder Tests.
- Strategie-Gespräche anbieten, um so direkt in Kontakt zu treten und darüber Ihre Angebote zu platzieren.
- mit eindeutigen und kraftvollen Call-to-Actions wie »Jetzt anrufen« oder »Jetzt buchen« arbeiten.

- über aktuelle News, Events und Termine aus Ihrem Haus informieren und Möglichkeiten zur Anmeldung z. B. zu Ihrem nächsten Webinar, anbieten.
- relevante Publikationen, z. B. Ihr aktuelles Buch, eine aktuelle Studie oder ein E-Book prominent platzieren.
- Ihre wichtigsten Auftritte in Presse und anderen Medien erwähnen (Beispiele: »Bekannt aus …« oder »Gesehen in …« beispielsweise Spiegel, Handelsblatt, Cosmopolitan, ProSieben etc.). Fokussieren Sie sich auf die relevantesten Medien, denn sonst kann Ihre Website schnell zum Logofriedhof werden und auf die Besucher den Eindruck eines aufgeblähten Egos hinterlassen.
- wichtige Auszeichnungen, Siegel, Zertifikate, die Ihren Expertenstatus unterstreichen, beispielsweise im Footer der Startseite positionieren.
- Kundenstimmen mittels Videos und auch in Textform einbinden. Echte Empfehlungen sind unbezahlbar für Ihre Kundengewinnung.

Die Angebotsseite

Je nach Art des Angebots und der Größe des Unternehmens können Sie diese Seite im Menü als »Angebot«, »Shop«, »Zusammenarbeit« oder »Mit mir arbeiten« bezeichnen.

Die Angebotsseite sollte ebenfalls ein One-Pager sein: Alle wichtigen Informationen werden dort auf einer Seite übersichtlich, klar und gut strukturiert zur Verfügung gestellt.

Infografiken oder Videos, die sich besonders für erklärungsbedürftige Angebote und Produkte eignen, können Ihr Angebot gut und verständlich auf einen Blick Ihrem Besucher erläutern.

Verknüpfen Sie die Angebotsseite mit Ihrem Gesicht, vor allem wenn Sie ein kleineres Unternehmen haben oder Solopreneur sind und daher später direkt mit den Kunden zusammenarbeiten werden. Ihr Bild sollte dem Betrachter zugewandt sein. Der Text sollte so formuliert sein, als ob Sie persönlich zu den Websitebesuchern sprechen.

Vergessen Sie auf keinen Fall, auf Ihrer Angebotsseite Testimonials einzubinden als Referenz und Empfehlungsgeber sowie eindeutige Call-to-Actions zu verwenden. Sagen Sie dem potenziellen Kunden dort exakt, was er tun soll.

BEISPIELE

Rufen Sie mich an! Vereinbaren Sie einen Termin mit mir!

Stellen Sie den Gewinn, den Benefit klar heraus, den Ihr potenzieller Neukunde durch die Zusammenarbeit mit Ihnen und Ihrer Expertise hat oder durch den Kauf eines Ihrer Produkte erzielt.

Die »Über mich«-Seite

Jetzt wird es persönlich, und das ist gut so! Auf der »Über mich«-Seite ist Platz für Ihre persönliche Signature-Story. Hier führen Sie Ihre potenziellen Kunden hinter die Kulissen und schildern anhand Ihrer eigenen Geschichte den Weg, wie Sie zum Experten geworden sind. Eine solche Seite wird in ihrer

Wirkung auf Kunden oft unterschätzt und dementsprechend vernachlässigt. Schade, denn sie ist neben Ihrer Angebotsseite die zweitwichtigste Verkaufsseite. Gestalten Sie diese also wirkungsvoll.

Sie können hier Einblicke in den Werdegang Ihres Unternehmens geben, Ihre Werte teilen, über Ihre Motivation, Ihr persönliches Warum sprechen und Zitate und Statements mit den Besuchern teilen. Erläutern Sie hier, was Ihnen und Ihrem Team wirklich wichtig ist und wofür Sie als Experte mit Ihrem Namen stehen. Die »Über mich«-Seite ist ein idealer Platz für ein Akronym, das Sie aus Ihrem Namen bilden (siehe hierzu Kapitel »Das Du der EB Positionierungs-Matrix«).

Wählen Sie für diese Seite besonders ausdrucksstarke Bilder, die Ihre Experten-Persönlichkeit eindrücklich transportieren und die Sie auch von einer privaten Seite zeigen können. Noch besser ist es natürlich, wenn Sie die Besucher persönlich mit einer Videobotschaft begrüßen und so in eine direkte Ansprache starten oder sich beispielsweise mittels eines Interviews präsentieren und vorstellen. Darüber hinaus können Sie mit Infografiken oder auch Sketchnotes Ihren Experten-Weg und den Ihres Unternehmens visualisieren.

> Seien Sie kreativ, mutig sowie erfrischend anders und zeigen Sie ruhig Ihre Ecken und Kanten. Je mehr Persönlichkeit Sie transportieren, umso mehr werden Sie davon profitieren.

Lebensdauer einer Webseite

Verabschieden Sie sich am besten gleich von der Vorstellung, dass Sie Ihre Webseite einmal konzipieren, umsetzen und dann vergessen können. Diese Zeiten sind vorbei, da sich die Anforderungen an Technik und Design zu schnell verändern. Sehen Sie Ihre Webseite vielmehr als ein unternehmerisches Ökosystem, das ständig mit Ihnen, Ihrer Expertise, der Entwicklung Ihres Expertenstatus sowie Ihrer Angebote mitwächst und sich wandelt. Das geschieht zum einen natürlich inhaltlich durch Ihre Beiträge sowie durch technische Updates und zum anderen natürlich auch durch neue Designtrends oder Geräte-Innovationen, die neue Spielregeln beim Nutzerverhalten hervorbringen, wie beispielsweise Smartphones und Tablets es getan haben.

Experten Blog – lesen, hören, sehen

Ein Blog ist die zentrale und wichtigste Kommunikationsplattform für Ihr Expert Branding, für den Aufbau Ihres Expertenstatus und somit auch für Ihre Kundengewinnung. In den meisten Fällen ist ein Beitrag Ihres Blogs der Einstieg zum Besuch auf Ihrer Webseite. Am besten integrieren Sie ihn in diese. Je mehr Content zu einem Thema Sie auf Ihrer Website haben, desto besser ist Ihr Ranking in Suchmaschinen wie Google. Mit einem exzellenten Blogbeitrag, der ein Thema umfassend aufgreift und in der Tiefe beschreibt und dadurch in der Regel viele Shares, Likes und Kommentare, aber auch wertvolle Backlinks erhält, können Sie eine unversiegbare Traffic-Quelle für Ihre Webseite schaffen und die Position Ihrer Website in den Online-Suchmaschinen langfristig positiv beeinflussen. Deswegen sollten Sie auch davon absehen, einen Blog auf einer separaten Blogplattform zu pflegen oder als einzelnes Social Media Tool zu betrachten.

Ihr eigener Blog macht Sie unabhängig von externen Social-Media-Kanälen. Veröffentlichen Sie auf Ihrer Blog-Seite hochwertige und abwechslungsreiche Inhalte, steigt Ihr Expertenstatus stetig. Dies wiederum fördert den Social Proof für Sie bei potenziellen Kunden.

Welcher Blog-Content sich anbietet

Fokussieren Sie sich auf Blog-Beiträge, die Ihrer Zielgruppe Nutzen und Mehrwert bieten. Beantworten Sie deren zentrale Fragen und gehen Sie auf Themen ein, die ihr am Herzen liegen. Ein Blog ist der Platz, wo Sie Ihre Problemlösungskompetenz und Expertise zeigen können. Damit bauen Sie Vertrauen auf und werden zum wichtigen, im besten Falle sogar zum unverzichtbaren Ratgeber Ihrer Zielperson.

Sorgen Sie für Abwechslung bei Ihren Inhalten, indem Sie unterschiedliche Formate nutzen wie Textbeiträge, Audio (Podcast), Videos, Infografiken.

Weitere Möglichkeiten:

- Gastblogger einladen,
- Experten-Interviews durchführen,

- Studien und Checklisten veröffentlichen,
- Umfragen sowie Tests einbauen,
- Erfolgs- und Case-Studies veröffentlichen oder
- Mini-Serien zu Schwerpunkt-Themen publizieren.

Setzen Sie auf die intelligente Vernetzung von unterschiedlichen Content-Formen. Davon profitieren alle dazugehörigen Kanäle, die Reichweite sowie die Suchmaschinenoptimierung für Beitrag und Seite.

Ein Blog lebt von regelmäßigen, qualitativ hochwertigen Beiträgen. Diese zu produzieren, ist zeit- und auch arbeitsintensiv. Planen Sie dafür entsprechende Produktionszeiten ein. Auch ein Themen- und Redaktionsplan ist sehr empfehlenswert.

Social-Media-Kanäle

Kommen wir nun zu den einzelnen Planeten aus dem Social-Media-Kosmos, deren Aufgabe es ist, Ihre Webseite mit neuem frischen Traffic zu versorgen sowie Ihre Sichtbarkeit und Präsenz als Experte zu erhöhen und bei der Kundengewinnung entscheidend mitzuwirken.

Alle Social-Media-Kanäle können Sie nicht bespielen, doch welche sind die richtigen für Sie? Bei der Auswahl sollten Sie Ihre wichtigsten Buyer Personas im Fokus haben und wissen, an welchen Touchpoints Sie diese erreichen (siehe hierzu Kapitel

»Das Du der EB Positionierungs-Matrix«). Nur dort müssen Sie präsent sein. Klären Sie im Vorfeld, welche Aufgaben und Ziele Ihre Social-Media- Kanäle für Sie erfüllen müssen. Orientieren Sie sich hier an den von Ihnen übergeordneten und bereits festgelegten Aufgaben und Zielen, wie z. B.

- Stärkung Expert Branding,
- Sichtbarkeit für Ihre Expertise,
- Aufbau Expertenstatus,
- Traffic-Lieferant für Ihre Webseite,
- Aufbau E-Mail-Liste,
- Neukundengewinnung.

Legen Sie dann Ihren Fokus auf Ihre Kern-Ziele, die Sie innerhalb eines bestimmten Zeitraumes erreichen möchten. Lassen Sie sich davon ebenfalls leiten, wenn es um die Festlegung der Anzahl an Social-Media-Portalen geht, die Sie einsetzen möchten. Wie viel Zeit steht Ihnen zur Verfügung, wie viel Manpower haben Sie dafür? Es kann auch eine gute Idee sein, hier einen Teil an externe Dienstleister auszulagern, denn unregelmäßige oder schlecht bespielte Social-Media-Kanäle schaden Ihrer Experten Marke. Sie müssen hier eine gute Performance abliefern, indem Sie die Kanäle aktiv betreuen, regelmäßig mit frischen Inhalten versorgen und auf Austausch und Interaktion achten.

Hier eine Auswahl der wichtigsten Portale für Ihr Expertenmarketing.

Facebook, die eierlegende Wollmilchsau

Das größte soziale Netzwerk mit derzeit 2,4 Milliarden aktiven Nutzern (Stand: Juli 2019) ist sicherlich eines der, wenn nicht sogar die wichtigste Socialmedia-Plattform, wenn es um Sichtbarkeit und Präsenz für Ihre Expertise sowie um Kundengewinnung geht – wobei die Kundenakquise bei diesem Kanal nicht im Vordergrund stehen sollte. Facebook ist keine Suchmaschine, mittels der die Nutzer aktiv nach Produkten oder Angeboten suchen, sondern ein Netzwerk, eine Community zum Austausch mit Gleichgesinnten. Das sieht auch Facebook so und hat im Januar 2018 massive Änderungen an seinem Newsfeed-Algorithmus vorgenommen, der die organische Reichweite von Marken-, Medien- und Unternehmens-Beiträgen, die beispielsweise einen Link zu einer Salespage, Webinar-Anmeldeseite oder Download-Seite beinhalten, drastisch senkte. Privater Content von Freunden, Familien und Gruppen wird dafür im Gegenzug jetzt bevorzugt angezeigt. Katzen-Videos, Speisepläne und Urlaubsbilder sind somit seitdem wieder auf dem Vormarsch in Ihrem Newsfeed.

Den Unternehmen und beruflich auf Facebook Aktiven bleiben hier zwei Optionen: Entweder sie schalten eine Facebook-Anzeige, um die Reichweite zu erhöhen, oder sie liefern so hochwertigen Content, dass dieser eine hohe Interaktions-Rate fördert, also eine Fülle an Kommentaren, Shares und Likes erzeugt.

Genau hier kommen Sie als Experte ins Spiel. Sie können mit Ihrer Expertise punkten, indem Sie Kostproben davon in hochwertige Beiträge verpacken und teilen oder in Zielgruppen-relevanten Facebook-Gruppen Ihren Experten-Rat einstreuen.

Facebook ist derzeit die Plattform mit den meisten Präsentationsmöglichkeiten. Vor allem Videos, Facebook Live und Facebook Stories stehen im Fokus und werden seitens Facebook massiv gepusht. Es lohnt sich also vermehrt diese Formate für Ihr Expertenmarketing einzusetzen. Besonders spannend in diesem Portfolio ist der Facebook Messenger, der hauseigene Nachrichtenkanal. Wird er mit einem Bot-Anbieter wie Manychat kombiniert, birgt er großes Potenzial zum Verkauf von Dienstleistungen und Produkten. Vorausgesetzt, man geht smart damit um und nutzt ihn nicht als Spamschleuder. Aktuell können damit hohe Öffnungsraten erzielt werden – ganz im Gegensatz zum E-Mail-Marketing.

> Ein Tipp: Nutzen Sie Facebook vor allem für den Community-Aufbau rund um Ihre Expertenmarke.

Instagram

Dieser Kanal, der zu Facebook gehört, hat über 15 Millionen User in Deutschland und wird weltweit aktiv von 1 Milliarde Menschen genutzt. Instagram ist besonders stark in der Zielgruppe der 14- bis 29-Jährigen, deren Anteil derzeit bei circa 71 % liegt. Das sollten Sie berücksichtigen, wenn Sie diesen Kanal für Ihr Expert Branding einsetzen möchten. Aber auch bei den älteren Usern wird Instagram immer beliebter.

Instagram ist ein reiner Bild- und Video-Kanal. Er bietet neben dem klassischen Instagram Feed die Formate Instagram Stories, Instagram Live und IG-TV. Wenn Sie in einer visuell-affinen Branche tätig sind wie Fashion, Beauty, Interior, Immobilien, Reisen oder Food sollten Sie auf Instagram vertreten sein, denn hier können Sie mit ausdrucksstarken Bildern schnell und wirkungsvoll eine Community aufbauen. Aber auch als Coach, Berater oder Trainer können Sie hier gezielt mit Expert Branding in Form von gut gestalteten Grafiken oder Bildern, die ein Zitat, einen Experten-Impuls oder ein Experten-Statement als Botschaft haben, Ihre Community aufbauen. Promoten Sie auch Ihre aktuellen Blogbeiträge, Videos oder Podcast-Episoden sowie Ihre aktuellen Event- und Webinar-Termine.

XING

Das größte deutschsprachige Social-Media-Portal mit derzeit 14 Millionen Mitgliedern im D.A.CH-Raum kann für Ihr Expert Branding eine wichtige Plattform sein, je nach Zielgruppe und Angebot. Für Ihr Expert Branding sollten Sie ein kostenpflichtiges Premium-Profil auf XING besitzen, um auch alle Funktionen nutzen zu können. Spielt für Sie darüber hinaus das Recruiting von qualifizierten Mitarbeitern eine wichtige Rolle, dann sollten Sie dort zusätzlich eine ebenfalls kostenpflichtige Unternehmensseite vorhalten.

Gestalten Sie vor allem die Portfolio-Seite Ihres XING-Accounts besonders ansprechend und konfigurieren Sie Ihr XING-Konto so, dass diese immer als erste angezeigt wird, wenn jemand auf Ihre Profil-Seite kommt. Nutzen Sie für die Kundengewinnung unbedingt die erweiterten Suchfunktionen von XING und werden Sie in themenrelevanten XING-Gruppen sichtbar.

Bei allen Vorteilen hat XING auch Nachteile: Der Newsfeed ist veraltet und bietet Ihnen nur wenig Möglichkeiten, Ihre Kontakte mit Neuigkeiten zu versorgen. Mittlerweile gibt es zudem immer stärkere Einschränkungen beim Veröffentlichen von Beiträgen in Gruppen oder Events, mit denen XING die Plattform monetarisieren will.

LinkedIn

Dieses Portal ist das internationale Pendant zu XING. Für Experten ist LinkedIn aus meiner Sicht mittlerweile die weit interessantere Business-Plattform. Im D.A.CH.-Raum gibt es aktuell 14 Millionen Nutzer. Weltweit sind es 610 Millionen. Und genau darin liegt das Potenzial von LinkedIn. Wenn Sie nicht nur national, sondern international aktiv sind bzw. Ihr Expert Branding etablieren und Ihren Expertenstatus aufbauen möchten, dann darf diese Plattform in Ihrem Portfolio nicht fehlen. Darüber hinaus entwickelt LinkedIn seine Plattform ständig weiter. Aktuell wird gerade LiveStreaming in USA und Europa eingeführt. Dies bietet den Usern allein im Newsfeed, der ähnlich aufgebaut ist wie Facebook, wesentlich mehr Möglichkeiten als XING. Für mich ist LinkedIn deshalb klarer Favorit im B2B-Business.

Wie auf XING sollten Sie auch hier alle relevanten Informationen in Ihrem Profil präsentieren. Sie können Unternehmensseiten anlegen, sich in Zielgruppen- oder Themen-relevanten Gruppen engagieren, sich mit internationalen Kooperationspartnern vernetzen und sich über aktuelle Trends und Strömungen auf dem internationalen Markt informieren.

YouTube

Als zentraler Videomarketing-Kanal spielt YouTube eine Schlüsselrolle im Expert Branding. YouTube löst, gemeinsam mit den Streaming-Diensten, immer stärker das klassische Fernsehen ab. YouTube ist die ideale Bühne für jeden Experten, denn hier steht das »How-to«, das »Wie« im Vordergrund. YouTube ist die ideale Ratgeber-Plattform. Hier können Sie mit Ihrer Problemlösungskompetenz glänzen und auf die wichtigsten Fragen Ihrer Buyer Personas z.B. mit einem Video-Tutorial antworten. Des Weiteren sind Interviews für Ihr Expert Branding dort ein starkes Format oder eine Solo-Show in Form eines Experten-Talks.

> Welcher Content eignet sich? Diese Frage stellt sich bei allen Kanälen. Antworten darauf finden Sie mithilfe einer Umfrage bei Ihren Newsletter-Lesern oder innerhalb Ihrer Social Media Community. Des Weiteren können Sie mit sogenannten Online-W-Fragen-Tools anhand Ihrer wichtigsten Keywords Zielgruppen-relevante Themen ermitteln (vgl. www.w-fragen-tool.com). Generell sollten Sie Ihre wichtigsten Keywords und Suchbegriffe kennen bzw. recherchiert haben, bevor Sie jegliche Art von Content produzieren. Dabei kann Ihnen ein Tool wie Keywordtool.io helfen.

Twitter

Twitter ist Mikroblogging in Echtzeit und besonders bei Journalisten sehr beliebt. Das macht diesen Kanal auch für Sie als Experten interessant, denn wenn Sie hier regelmäßig relevante und hochwertige Inhalte teilen, kann Ihnen dies nicht nur den Weg in die Medien ebnen, sondern auch wertvolle Kontakte zu den Journalisten bescheren.

Folgen Sie Journalisten, die für Sie wichtig sind. Legen Sie dazu am besten eine Liste an und achten Sie darauf, was diese Journalisten posten. Sie wissen ja, Vertreter dieser Berufsgruppe sind immer auf der Suche nach News und spannenden Geschichten. Halten Sie deswegen Augen und Ohren offen, denn vielleicht haben Sie genau die richtige Story für sie parat.

Sie sollten generell jeden Ihrer Blog- und Newsbeiträge sowie Postings von anderen sozialen Netzwerken wie Facebook oder Instagram auch auf Twitter teilen. Das kann ruhig in einer höheren Schlagzahl geschehen, da hier der Newsdurchlauf um ein Vielfaches höher ist als zum Beispiel bei Facebook. Vergessen Sie auch nicht Hashtags einzusetzen, damit Sie schnell zu Ihren relevanten Themen gefunden werden.

Setzen Sie unbedingt Bilder und Videos ein, damit Sie im Newsfeed mehr Sichtbarkeit und Aufmerksamkeit erzeugen. Auch Live-Streaming sollten Sie nutzen. Streamen Sie beispielsweise direkt von einem Live-Event, den Sie veranstalten. Zeigen Sie einen Mitschnitt von Ihrem Vortrag oder Workshop. Sie können auch eine Pressekonferenz live übertragen oder auch auf diesem Kanal regelmäßig eine eigene Experten-Show ausstrahlen.

Quantität – Qualität – Kontinuität

Für alle Social-Media-Kanäle gilt Folgendes: Qualität schlägt Quantität. Ich rate meinen Kunden immer, sich lieber auf ein, maximal zwei Kanäle zu fokussieren und diese dafür jedoch mit erstklassigen Inhalten zu bespielen. Dazu gehört auch, dass diese Kanäle regelmäßig und kontinuierlich mit Inhalten versorgt werden, um damit Reichweite und Sichtbarkeit für Ihren Expertenstatus aufzubauen. Nur dann zu posten, wenn Sie gerade mal Zeit haben, funktioniert nicht. Smarte Tools wie Social Pilot oder Buffer helfen dabei, dieses Problem zu lösen. Sie können damit Ihren Content vorplanen und ihn dann automatisch ausspielen.

Live Streaming

Der schnellste und einfachste Weg, mit Videos durchzustarten, ist heutzutage für mich Live Streaming. Es funktioniert auf vielen Wegen, so z. B. mit Facebook Live, Instagram Stories oder YouTube Live. Alles, was Sie dazu brauchen, ist Ihr Smartphone, ein Tablet, einen Laptop oder einen PC und einen Account bei der jeweiligen Social-Media-Plattform. Wenn Sie dann noch auf guten Ton und gutes Licht achten, kann es schon losgehen.

Meine Facebook Live Streams entstehen entweder von meinem Laptop aus oder via Smartphone. Für gutes Licht und einen ebensolchen Ton verwende ich z.B. ein Lavalier-Mikrofon, Softboxen sowie ein LED-Ringlicht. Mein Expertenmarketing-Tool-Book können Sie hier downloaden: www.martina-fuchs.com/toolbook.

Überlegen Sie, wie Sie den von Ihnen produzierten Content kombinieren sowie kanalübergreifend auf mehreren Plattformen sinnvoll einsetzen können. Einmal produzieren, immer profitieren, lautet eines meiner wichtigsten Mottos.

BEISPIEL: CONTENT-RECYCLING

Wenn Sie auf Facebook live gehen, können Sie das Video abspeichern und es anschließend in Ihrem YouTube-Kanal hochladen. Zusätzlich können Sie es im Blog auf Ihrer Webseite einbinden. Und wenn Sie die Audio-Spur von der Filmspur trennen, haben Sie gleichzeitig eine neue Podcast-Folge fertig.

Webinare

Ein Webinar ist eines der wirkungsvollsten Instrumente im Expertenmarketing-Mix. Es schafft die perfekte Bühne für die Präsentation Ihrer Expertise. Gerade wenn Sie als Berater, Coach oder Trainer tätig sind, Ihr Produkt also Ihr Wissen ist, dann sollten Sie unbedingt Webinare in Ihren Marketing-Mix aufnehmen. Webinare unterstützen Sie vor allem dabei,

- Ihre Expertise sichtbar und erlebbar zu machen,
- Ihren Expertenstatus auf- und auszubauen,
- Ihre E-Mail-Liste zu erweitern (Achtung: Datenschutzrechtliche Vorschriften beachten!),

- Neukunden zu gewinnen, z.B. durch Strategie-Calls, die Sie im Anschluss an das Webinar kostenfrei anbieten,
- Ihre digitalen Experten-Angebote wie z.B. Onlinekurse zu vermarkten und zu verkaufen,
- einen exzellenten Kundenservice zu bieten, z.B. mit Schulungs-Webinaren zu erklärungsbedürftigen Produkten,
- Ihre Trainings, Coachings und Beratungen online durchzuführen und so ortsunabhängig weltweit mit Kunden zu arbeiten,
- Workshops, Seminare oder Online-Schulungen online mit Teilnehmern aus aller Welt zu veranstalten.

> Mithilfe von Webinaren wandeln Sie sich ganz einfach vom Local Player zum Global Player.

Podcasting

Podcasts sind eine sehr interessante und vor allem sehr wirkungsvolle Bühne, wenn es um den Auf- und Ausbau des eigenen Expertenstatus geht. Aber nicht nur dafür, sondern auch für die Leadgewinnung in Verbindung mit dem E-Mail-Listen-Aufbau, für die Vermarktung von Events und Webinaren sowie für die Kundengewinnung eignen sich die kleinen Hörbeiträge. Was Podcasting von allen anderen Marketing-Instrumenten am stärksten abhebt, ist, dass Sie hier die volle Aufmerksamkeit Ihres Hörers und somit potenziellen Kunden haben. Sie sind in seinem Ohr und kommen ihm so nahe wie bei keinem anderen Medium. Umfragen zeigen, dass Menschen Podcasts besonders gerne beim Auto-, Bus- oder Zugfahren, beim Fliegen, Sport oder auch beim Putzen hören. Und wenn Sie zu den introvertierten Experten gehören, die nicht gerne vor der Kamera agieren, dann haben Sie hier Ihre perfekte Alternative. Ich selbst bin ein großer Fan dieser Marketing-Plattform, auf der ich seit Mai 2018 mit meiner eigenen Podcast-Show »Status Ausgebucht« vertreten bin.

Alles, was Sie für Podcasts brauchen, ist eine Hosting-Plattform, ein gutes Mikrofon und eine Audiosoftware wie Garageband (Mac) oder Audacity (PC/Mac).

Analoge Expertenmarketing-Kanäle

Wenn wir über Expertenmarketing sprechen, dann sollten wir auf keinen Fall die nachfolgenden Bühnen außer Acht lassen, da sie in der analogen Welt großes Gewicht haben und auch die digitalen Kanäle wunderbar unterstützen.

Das eigene Fachbuch

Ein Buch, besonders wenn es in einem renommierten Verlag erscheint, ist ein echter Gamechanger für Ihren Expertenstatus. Es öffnet Ihnen definitiv die Türen zu den Medien, ist die Eintrittskarte für spannende Kooperationen und natürlich ideal, um damit neue Kunden zu gewinnen. Wenn Sie sich mit einem spannenden Thema beschäftigen oder eine außergewöhnliche Methode entwickelt haben, dann sollten Sie diesen Schritt ernsthaft in Erwägung ziehen und diese Extrameile gehen. Jedes meiner Bücher war Gold wert für meine Karriere, meinen Expertenstatus und meine Kundengewinnung. Und meine digitalen Kommunikationskanäle profitieren ebenfalls davon.

Als Speaker auf die Bühne

Die zweite wirkungsvolle analoge Plattform für Experten ist die Vortragsbühne. Live vor Publikum zu sprechen ist im ersten Schritt natürlich eine größere Herausforderung als zum Beispiel einen Blog-Beitrag zu posten oder eine Podcast-Folge zu veröffentlichen, aber der Live-Kontakt zu Ihrer Zielgruppe ist unbezahlbar. Nirgendwo sonst können die Menschen Sie so persönlich und direkt erleben. Umgekehrt gilt das natürlich genauso.

Jeder Vortrag birgt die Chance, dass Sie neue Kunden gewinnen.

Klassische Pressearbeit

Gute Pressearbeit ist ein weiterer wichtiger Schlüssel für den Aufbau Ihrer Expertenmarke und Ihre Sichtbarkeit, denn ein TV-Auftritt, Beiträge in wichtigen Fach- und Wirtschaftsmagazinen oder in der lokalen Presse können ebenfalls sehr viel Positives für Sie bewirken. Übrigens: Wenn Sie auf Social Media eine gute Reichweite aufgebaut haben, sind Sie auch für die klassischen Medien ein interessanter Partner. Spielen Sie diese Karte aus, wenn Sie hier beispielsweise eine stattliche Anzahl an Followern vorzuweisen haben.

Auf einem Bein steht man nicht gut

Wenn meine Kunden mich fragen, ob sie sich entweder auf die digitalen oder die analogen Kanäle fokussieren sollten, lautet meine Antwort immer: Der richtige Marketingmix macht den Erfolg. Sie sollten also sowohl digitale *als auch* analoge Marketingkanäle einsetzen. Heutzutage sollten Sie im Marketing vernetzt – also interconnected – denken und handeln. Sie dürfen Ihre Marketingkanäle nie als voneinander unabhängige Plattformen sehen. Alle Aktivitäten und Kanäle müssen sich gegenseitig unterstützen, fördern und miteinander vernetzt sein, um den größtmöglichen Gewinn daraus zu ziehen.

Mit Strategie und Plan zum Ziel

Der Aufbau einer profitablen Expertenmarke und Ihre Positionierung als Top-Experte ist eine Langstreckendisziplin. Das braucht nicht nur Ausdauer, sondern vor allem eine klare Strategie, Fokus und Planung. So kommen Sie nicht vom Weg ab und lassen sich auch nicht so leicht von den vielen »Shiny Objects«, die da am Wegesrand überall lauern, ablenken. Und Sie können anhand der einzelnen Milestones, die Sie festgelegt haben, tracken, ob Sie auf Kurs sind und Ihre Ziele auch erreichen bzw., falls nötig, frühzeitig eine Kurskorrektur einlegen. Wichtig an dieser Stelle ist auch, dass Sie Ihrer einmal getroffenen Strategie auch den Wirk-Raum und die Wirk-Zeit geben, die diese braucht. Haben Sie realistische Erwartungen und Ziele. Hüpfen Sie nicht nach drei Wochen schon wieder ungeduldig zur nächsten Strategie, weil man Ihnen Übernacht-Erfolge und sensationelle Abkürzungen verspricht. Das Web ist voll von diesen vollmundigen Versprechungen, die garantiert nur die Taschen dieser Blender mit Ihrem Geld füllen, während Sie leer ausgehen.

Erfolg braucht seine Wirk-Zeit. Verlieren Sie ihn nicht, indem Sie ihm ständig mit Hoffnungsmarketing-Jagd und Methoden-Hopping davonlaufen.

Meine Vier-Schritte-Roadmap für Ihren Erfolg

1. Definieren Sie in einer Checkliste diejenigen Aufgaben, die Sie als Erstes umsetzen müssen und möchten, z.B. Positionierung schärfen, Experten-Profil erarbeiten. Fokussieren Sie sich bereits hier auf die Aufgaben, die die größte Hebelwirkung für Sie und Ihre Expert-Branding-Strategie haben.
2. Legen Sie dann die Ziele fest, die Sie mit dem Aus- und Aufbau Ihrer Expertenmarke und Ihrem -marketing erreichen möchten. Arbeiten Sie hier unbedingt mit Zielen, die s-m-a-r-t sind, also **s**pezifisch, **m**essbar, **a**ttraktiv, **r**ealistisch und **t**erminiert.
3. Jetzt geht es darum, Ihre Marketing-Maßnahmen zu planen. Denken Sie dabei in kurz-, mittel- und langfristigen Maßnahmen und legen Sie Schwerpunktthemen für das jeweilige Jahr fest. Ich arbeite hier besonders gern mit der 12-Wochen-Methode: Zunächst lege ich fest, welche Marketingmaßnahmen ich in diesem Jahr durchführen möchte. Dann

unterteile ich das Jahr in vier Quartale und widme jedem Quartal einem Schwerpunktthema. Wenn Sie so vorgehen, werden Sie durch die konkreten Quartalsprojekte und Themen am Ende des Jahres mehr umgesetzt und geschafft haben als mit einer üblichen Jahresplanung.

4. Im letzten Schritt definieren Sie nun die einzelnen Actionsteps und Milestones und versehen diese mit verbindlichen Terminen. Wichtig bei der Planung und Festsetzung der einzelnen Milestones und Termine ist, dass Sie immer vom Ende aus planen und dann die einzelnen Stufen und Schritte herunterbrechen. Wenn beispielsweise Ihre neue Webseite am 1. September live gehen soll, dann definieren Sie zum einen die einzelnen Milestones, Ressourcen und die Manpower, die Sie dafür benötigen, und zum anderen die Zeitfenster. Seien Sie hier realistisch und planen Sie auch Zeitpuffer für Unvorhergesehenes, aber auch für Urlaub, Fortbildung usw. ein.

Alles, was jetzt zu tun bleibt, ist TUN. Sollten Sie zu den Perfektionisten gehören, dann möchte ich Ihnen noch ein Schlagwort mit auf den Weg geben. Sie lautet »Speed of Implementation«. Den Schnellen, nicht den Perfekten gehören heute die Welt und der Erfolg. Warten Sie also nicht, bis alles perfekt ist, sondern legen Sie los und optimieren Sie »on the Go« mithilfe des wertvollen Feedbacks, das Ihnen dann Ihre Kunden liefern.

Hilfreiche Ressourcen

Sie sind nun am Ende dieses TaschenGuides angelangt und verfügen jetzt über die wichtigsten Informationen zu meiner Methode. Wenn Sie noch tiefer einsteigen wollen und mehr Unterstützung benötigen, dann finden Sie diese in meinem Buch »Digital Expert Branding«, das ebenfalls im Haufe Verlag erschienen ist. Mehr dazu unter: www.martina-fuchs.com/buch. Auch mein Podcast »Status Ausgebucht« auf iTunes enthält jede Menge wertvoller und weiterführender Informationen zu den Themen Expertenpositionierung, Expert Branding und Expertenmarketing (www.martina-fuchs.com/podcast). Oder Sie nehmen kostenfrei an meinen weiterführenden Webinaren zu diesem Thema teil. Einfach anmelden unter: www.martina-fuchs.com/webinar. Ich freue mich auf Ihren Besuch im Web auf www.martina-fuchs.com. Lassen Sie uns auf LinkedIn, Facebook und Instagram in Verbindung bleiben.

So, und jetzt stehen Sie im Fokus, denn Sie wissen ja, Erfolg kommt nur vom Tun. Legen Sie also los, damit Sie die Erfolge feiern können, die Sie verdienen!

Stichwortverzeichnis

Impressum

Bibliografische Information der Deutschen Nationalbibliothek
Die Deutsche Nationalbibliothek verzeichnet diese Publikation in der Deutschen Nationalbibliografie; detaillierte bibliografische Daten sind im Internet über http://dnb.dnb.de abrufbar.

Print: ISBN: 978-3-648-13655-3 Bestell-Nr.: 10463-0001
ePub: ISBN: 978-3-648-13656-0 Bestell-Nr.: 10463-0100
ePDF: ISBN: 978-3-648-13657-7 Bestell-Nr.: 10463-0150

Martina Fuchs
Ihr Weg zum Status »ausgebucht« –
Mit Expert Branding zum begehrten Experten
1. Auflage 2020

Redaktionsanschrift: Fraunhoferstraße 5, 82152 Planegg/München
Internet: www.haufe.de
E-Mail: online@haufe.de
Redaktion: Jürgen Fischer

Konzeption, Realisation und Lektorat: Nicole Jähnichen, www.textundwerk.de
Umschlagentwurf: RED GmbH, Krailling
Bildnachweis (Cover): © sowanna, Adobe Stock

Die Autorin

Martina Fuchs

Digital Marketing Consultant & Expert-Brand-Strategist, ist mit ihrer Beratungs-Agentur Experten + Marketing seit 25 Jahren in der Welt der Medien (u. a. Cosmopolitan, Harper's Bazaar) und des Marketing zu Hause. Mit Ihrer Methode »Expert Branding« hat sie im »Personal Branding« neue Maßstäbe gesetzt und mit der Expert Branding Matrix ein Framework entwickelt, das ambitionierten Unternehmern dabei hilft, sich on-wie offline erfolgreich als Experten zu positionieren und die eigene Expertise in ein hochprofitables Business zu transformieren. Mit ihrem Buch »Digital Expert Branding« hat sie die Bestseller-Listen gleich in drei Kategorien über mehrere Monate angeführt. Das Handelsblatt zählt ihr Buch zu den wichtigsten Wirtschaftsbüchern von Frauen. Ihre Expertise schätzen nicht nur Unternehmen wie Santen Pharmaceuticals, Haufe.Lexware, Panasonic, Red Bull oder Schwarzkopf & Henkel Cosmetics, sondern auch mittelständische Unternehmen, Selbstständige und Einzelunternehmer. Ergänzend zu ihrer Berater-Tätigkeit ist sie als Coach und Trainerin für die Cosmopolitan SupportHer-Academy, einer Karriereplattform für Frauen, aktiv sowie als Autorin, Speakerin und Podcasterin. Ihr Corporate-Blog »Martina Fuchs | Experten+Marketing« wurde von der Münchner Web Woche zum besten Unternehmensblog gewählt und mit dem Isarnetz Blog Award ausgezeichnet. Sie ist auf allen wichtigen Social-Media-Plattformen präsent sowie im Web unter www.martina-fuchs.com zu finden.